浙江省普通高校“十三五”新形态教材
职业院校计算机类专业系列教材——项目/任务驱动模式

PHP网站开发实例教程

曾　瑞　卢良进　李　方　主　编

王英彦　李忠明　陈志军
余梓唐　楼跃升　常　丽　副主编

電子工業出版社
Publishing House of Electronics Industry
北京・BEIJING

内容简介

本书内容通过深入浅出、循序渐进的方式，将 PHP Web 网站开发知识点和核心技术有机融合，重点培养读者网站实际开发能力，共分为 8 个章节，分别是初识 PHP 与环境搭建、PHP 程序基础、PHP 函数、数组和字符串、目录和文件处理、PHP Web 页面交互、PHP 操作数据库、在线考试系统综合实例。其中，在线考试系统综合实例将前面章节的知识点有机融合到一个项目中，使读者通过该案例的学习，深入理解 PHP Web 网站开发的精髓，引导和帮助读者完成初学到开发的提升。

本书可作为高等职业院校计算机类专业的专业课程教材，也适合于应用 PHP 开发动态网站的科技人员学习使用。

图书在版编目（CIP）数据

PHP 网站开发实例教程 / 曾瑞，卢良进，李方主编. —北京：电子工业出版社，2021.11

ISBN 978-7-121-42460-1

Ⅰ. ①P… Ⅱ. ①曾… ②卢… ③李… Ⅲ. ①PHP 语言—程序设计—高等职业教育—教材 Ⅳ. ①TP312.8

中国版本图书馆 CIP 数据核字（2021）第 244081 号

责任编辑：魏建波
印　　刷：北京七彩京通数码快印有限公司
装　　订：北京七彩京通数码快印有限公司
出版发行：电子工业出版社
　　　　　北京市海淀区万寿路 173 信箱　邮编：100036
开　　本：787×1092　1/16　印张：11.5　字数：294.4 千字
版　　次：2021 年 11 月第 1 版
印　　次：2025 年 8 月第 3 次印刷
定　　价：36.00 元

凡所购买电子工业出版社图书有缺损问题，请向购买书店调换。若书店售缺，请与本社发行部联系，联系及邮购电话：（010）88254888，88258888。

质量投诉请发邮件至 zlts@phei.com.cn，盗版侵权举报请发邮件至 dbqq@phei.com.cn。

本书咨询联系方式：（010）88254609，hzh@phei.com.cn。

前言

PHP 是全球最普及、应用最广泛的互联网开发语言之一，它是一种服务器端的、嵌入 HTML 的脚本语言，具有开放的源代码、运行效率高、性能稳定、实用性强的特点，通过它，用户可以快速、高效地开发出动态的 Web 服务器应用程序。因此，PHP 已经成为非常优秀的、简便的 Web 开发语言，满足了最新的互动式网站开发应用 PHP 开源技术也已成为网站应用开发的主流。

通过 PHP Web 网站开发实例教程的学习，读者可逐步建立和掌握 Web 服务器端动态页面设计的思想方法，具备分析问题和解决问题的能力，能够使用 PHP 脚本语言编写 Web 动态页面解决实际问题。

本书为浙江省普通高校“十三五”新形态教材，具有以下特点：

（1）由浅入深，循序渐进。本书先从 PHP 的基础学起，然后学习其 Web 页面交互技术，再通过学习 PHP 对 MySQL 数据库操作，最后通过开发一个完整项目来提高读者的实战能力。

（2）结构新颖，轻松易学。本书的大部分章节采用“知识点+小实例”的形式讲解，在用通俗易懂的语言简单介绍知识点后，安排了与当前知识点和实际应用相关的小实例，从而使读者边学边练、学有所用。另外，每章都安排有“小结”，使读者学完各章后还能对所学知识和技能进行总结。对于比较重要和操作性强的章节，还安排了“上机练习”，让读者进一步练习本章所学知识，增强实战能力。

（3）案例典型，注释清晰。除每章的课堂案例，为加强读者的实战能力，还在本书最后一章安排了一个典型的网站开发案例——在线考试系统网站。为便于读者阅读和学习程序代码，我们为这个网站的关键代码提供了必要的注释。

（4）精准讲解，易错提醒。书中具有代表性的操作通过步骤分步地进行引导和讲解，让读者不仅能知其所以然，而且还能编出自己的应用程序，具有较高的实用价值。讲解过程中，还对初学者容易犯的一些错误提供了相应的解决方案和应注意的事项说明或提示。这些错误都是作者在开发和教学过程中实践经验的总结。

（5）提供丰富的微课视频、代码和案例素材。为方便读者系统地学习，本书不仅对关键知识点或案例提供了丰富的微课视频讲解，还对每个实例都提供了素材，读者可直接拷贝到服务器上查看运行效果。另外，涉及数据库的实例，每章素材下面都有一个“db”文件夹，读者可在其中找到数据库文件，读者可将其导入到数据库直接应用。

本书分为 8 章，各章节简介如下。

第 1 章：初识 PHP，了解 PHP Web 网站开发需要掌握的 B/S 架构、Web 服务器、数据库等相关，并重点讲解了 PHP 开发环境搭建过程和 PHP 开发的流程。

第 2 章：介绍了 PHP 语言的基本语法、数据类型、常量、变量、运算符和表达式、顺序结构、选择结构、循环结构，并详细介绍了各种数据类型之间的转换和各种运算符的运算，在实际案例中运用这三种结构。

第 3 章：介绍了 PHP 函数的应用，着重讲解了定义函数和调用函数以及 PHP 语言中使用频率较高的内置函数，主要包括日期时间函数、数学函数、变量相关的函数等。

第 4 章：介绍了数组的分类、数组的定义、一维数组与二维数组、数组的遍历、字符串及正则表达式。运用具体实例来详细讲解数组的运用，以及在字符串中占有举足轻重地位的正则表达式。

第 5 章：介绍了系统文件类型、文件和目录的操作。我们系统学习了利用 PHP 程序代码实现创建目录、删除目录及浏览目录，完成文件的打开、读取、写入和上传文件等操作，为 PHP Web 开发提供文件处理基础。

第 6 章：主要讲解 HTML 常用的表单元素、PHP 中的$_GET、$_POST、$_SERVER 等方法获取表单及服务器端信息内容。通过学习，能够熟练并灵活应用本章所讲的各个网页元素进行基础动态网页的设计，实现客户端和服务器端进行交互的过程。

第 7 章：介绍 MySQL 数据库基本知识，特别在 phpMyAdmin 管理工具中对 MySQL 数据表的基本操作包括创建表、查看表、修改表、删除表及实现在数据表中插入、浏览、修改和删除的基本 SQL 语句进行了系统学习；重点阐述了 PHP 操作 MySQL 数据库的一般流程，使读者能够高效掌握 mysqli 扩展库中常用函数的使用方法。

第 8 章：通过讲解 PHP 开发一个完整的在线考试系统网站综合实例，将前面章节的知识点有机融合到一个项目开发中，使读者通过该案例学习，能够深入理解 PHP Web 网站开发的精髓，引导和帮助读者完成从初学到开发的提升。

本书由义乌工商职业技术学院曾瑞、卢良进、李方主编，同时参加本书编写的人员还有义乌工商职业技术学院的王英彦、李忠明、陈志军、余梓唐、楼跃升等，山西工程职业学院的常丽（负责第 4 章的内容编写）。

尽管我们在编写本书时已竭尽全力，但是由于编者水平有限，书中难免有疏漏和不足之处，恳请专家和广大读者指正。

编　者

2021 年 8 月

目　录

第 1 章 初识 PHP 与环境搭建

1.1 PHP 简介

PHP 简介

1.1.1 什么是 PHP

在学习 PHP 之前，我们先要了解什么是 PHP，为什么要学习它，然后了解它的发展及优势所在。PHP 是一种 HTML 内嵌式语言，PHP 与微软的 ASP 颇有几分相似，都是一种在服务器端执行的嵌入 HTML（标准通用标记语言下的一个应用）文档的脚本语言，语言的风格类似于 C 语言，现在被很多的网站编程人员广泛运用。PHP 的应用发展非常迅猛，它的强大功能使其成为了许多程序员在开发网站时的首选语言，或者说是开发动态网站的必选语言。截至 2010 年年末，中国的网站数，即域名注册者在中国境内的网站数（包括在境内接入和境外接人）共近 300 万个，其中 70%以上是基于 PHP 语言开发的动态网站。百度、新浪、搜狐等各大互联网门户网站都在广泛使用 PHP。另外，企业内部的 Web 办公、管理系统等，也在使用 PHP 语言。PHP 工程师的平均工资在行业中也处于较高水平。

1.1.2 PHP 语言的优点

1. PHP 语言的优点

- 开放的源代码：所有的 PHP 源代码事实上都可以得到。
- PHP 是免费的：和其他技术相比，PHP 本身免费。
- PHP 的快捷性：程序开发快，运行快，易学习。因为 PHP 可以被嵌入 HTML 语言，相对于其他语言，编辑简单，实用性强，更适合初学者。
- 跨平台性强：由于 PHP 是运行在服务器端的脚本，可以运行在 UNIX、Linux、Windows 操作系统下。
- 效率高：PHP 消耗的系统资源较少。
- 图像处理：用 PHP 动态创建图像。
- 面向对象：在 PHP4、PHP5 中，面向对象方面都有了很大的改进，现在 PHP 完全可以用来开发大型商业程序。
- 专业专注：PHP 支持脚本语言为主，同为类 C 语言。

2. PHP 常用服务器架构

PHP +Apache+MySQL、PHP +IIS+MySQL、Nginx+PHP+MySQL。

3. PHP 常用开发工具

常用开发工具有 Dreamweaver、EditorPlus、UltraEdit、PHPeclipse、ZendStudio。推荐初

学者使用 EditorPlus 等类似的简易文本编辑器，如学习较为困难也可以使用 Dreamweaver。

1.1.3 PHP 网站开发之基本认知

1. B/S 相关知识

1）WWW 服务器

Web 服务器也称为 WWW（World Wide Web）服务器，主要功能是提供网上信息浏览服务，主要特征是：

- 应用层使用 HTTP 协议。
- 使用 HTML 文档格式。
- 使用浏览器统一资源定位器（URL）。

WWW 服务器采用的是客户/服务器结构，其作用是整理和储存各种 WWW 资源，并响应客户端软件的请求，把客户所需的资源传送到 Windows 10（或 Windows 7）、Windows NT、UNIX 或 Linux 等平台上。使用最多的 Web Server 服务器软件有两个：微软的信息服务器（IIS）和 Apache。

2）B/S 工作原理

用户通过浏览器 URL（统一资源定位地址）发送 HTTP 请求，服务器接收到请求后，在 Web 服务器站点下查找相应的网络文件，如果文件不存在，则返回错误信息；如果文件存在，则不需服务器解析，直接将文件响应给浏览器下载，如需解析，Web 服务器则将文件解析成能被浏览器识别的文件后响应给浏览器下载。B/S 工作原理如图 1-1 所示。

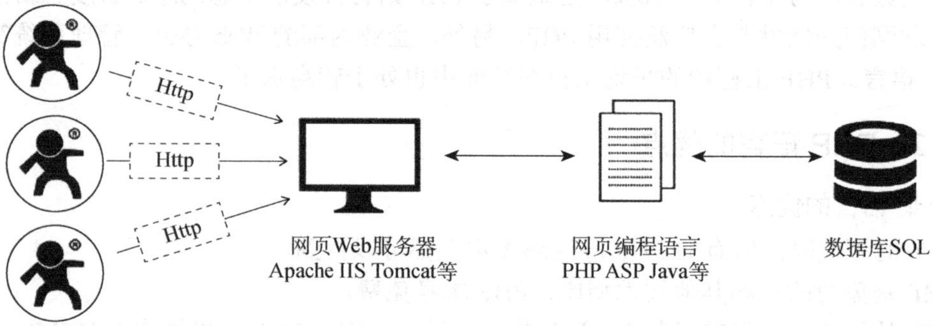

图 1-1 B/S 工作原理

2. HTTP 协议

HTTP（超文本传输协议）是一个属于应用层的面向对象的协议，由于其简捷、快速的方式，适用于分布式超媒体信息系统。它于 1990 年被提出，目前在 WWW 中使用的是 HTTP/1.0 的第六版，HTTP/1.1 的规范化工作正在进行中，而且 HTTP-NG（Next Generation of HTTP）的建议已经被提出。HTTP 协议的主要特点如下：

- 支持客户/服务器模式。
- 简单快速：客户向服务器请求服务时，只需传送请求方法和路径。请求方法常用的有 GET、HEAD、POST，每种方法规定了客户与服务器联系的不同类型。由于 HTTP 协议简单，使得 HTTP 服务器的程序规模较小，因而通信速度较快。
- 灵活：HTTP 协议允许传输任意类型的数据对象。正在传输的类型由 Content-Type 加以标记。

- 无连接：限制每次连接只处理一个请求。服务器处理完客户的请求，并收到客户的应答后，即断开连接。采用这种方式可以节省传输时间。
- 无状态：是指协议对于事务处理没有记忆能力。缺少状态意味着如果后续处理需要前面的信息，则必须重传信息，这样可能导致每次连接传送的数据量增大。另一方面，在服务器不需要先前信息时，它的应答就较快。

HTTP URL（URL 是一种特殊类型的 URI，包含了用于查找某个资源的足够的信息）的格式为 http://host[":"port][abs_path]。HTTP 表示要通过 HTTP 协议来定位网络资源；host 表示合法的 Internet 主机域名或者 IP 地址；port 指定一个端口号，为空则使用默认端口 80；abs_path 指定请求资源的 URI；如果 URL 中没有给出 abs_path，那么当它作为请求 URI 时，必须以"/"的形式给出，通常浏览器会自动完成。例如，在浏览中输入"www.php100.com"，浏览器自动转换成 http://www.php100.com/。

1）HTTP 请求

HTTP 请求由请求行、消息报头、请求正文 3 部分组成。请求行以一个方法符号开头，以空格分开，后面跟着请求的 URI 和协议的版本，格式为 Method Request-URI HTTP-Version CRLF。其中，Method 表示请求方法；Request-URI 是一个统一资源标志符；HTTP-Version 表示请求的 HTTP 协议版本；CRLF 表示回车和换行（除了作为结尾的 CRLF，不允许出现单独的 CR 或 LF 字符）。请求方法（所有方法全为大写）有多种，其主要方法的解释如下：

- GET 请求获取 Request-URI 所标识的资源。
- POST 在 Request-URI 所标识的资源后附加新的数据。
- HEAD 请求获取由 Request-URI 所标识的资源的响应消息报头；
- PUT 请求服务器存储一个资源，并用 Request-URI 作为其标志。

2）HTTP 响应

在接收和解释请求消息后，服务器返回一个 HTTP 响应消息。HTTP 响应由状态行、消息报头、响应正文 3 部分组成。状态行格式为 TP-Version Status-Code Reason-Phrase CRLF。其中，HTTP-Version 表示服务器 HTTP 协议的版本；Status-Code 表示服务器发回的响应状态代码；Reason-Phrase 表示状态代码的文本描述。状态代码由 3 位数字组成，第一位数字定义了响应的类别，有 5 种可能取值：

- 1xx：指示信息——表示请求已接收，继续处理。
- 2xx：成功——表示请求已被成功接收、理解、接受。
- 3xx：重定向——要完成请求必须进行更进一步的操作。
- 4xx：客户端错误——请求有语法错误或请求无法实现。
- 5xx：服务器端错误——服务器未能实现合法的请求。

1.1.4　PHP 动态网站开发构件

PHP 动态网站开发构件

PHP 动态网站开发需要多种开发技术融合在一起相互配合运用，才能完成一个动态网站的开发。对于初学者，要了解以下 Web 构件。

- 客户端浏览器（IE 浏览器、Firefox 浏览器、Google 浏览器）。
- HTML 标记语言。
- CSS 层叠样式表。

- 客户端脚本编程语言 JavaScript 等。
- Apache Web 服务器。
- 服务器端编程语言 PHP。
- MYSQL 数据库。

1. 客户端浏览器

浏览器是用来检索、展示及传递 Web 信息资源的应用程序。Web 信息资源由统一资源标识符（Uniform Resource Identifier，URI）所标记，它是一张网页、一张图片、一段视频或者任何在 Web 上所呈现的内容。用户可以借助超级链接（hyperlinks），通过浏览器浏览互相关联的信息。

ME 浏览器：由微软开发的基于 Chromium 开源项目及其他开源软件的网页浏览器，其前身为 Microsoft Internet Explorer（IE 浏览器），2020 年之后 IE 浏览器被新版 Microsoft Edge 替代，ME 浏览器将支持现代浏览器功能，比如扩展。

火狐浏览器：是一个由 Mozilla 开发的自由及开放源代码的网页浏览器。火狐浏览器允许用户通过安装附加组件来新增或修改 Firefox 的功能。附加组件的种类包罗万象，如鼠标手势、广告拦截、加强的标签页浏览等。用户可以从 Mozilla 官方维护的附加组件官方网站下载，或是从其他的第三方开发者处取得。

Chrome 浏览器：是由 Google 开发的一款设计简单、高效的 Web 浏览工具，其特点是简洁、快速。Google Chrome 支持多标签浏览，每个标签页面都在独立的“沙箱”内运行，在提高安全性的同时，一个标签页面的崩溃不会导致其他标签页面被关闭。

2. HTML 标记语言

HTML（Hyper Text Mark-up Language）即超文本标记语言，是构成网页文档的主要语言。HTML 语言主要是通过各种“标记”来标识文档的结构和超链接、图片、文字、段落、表单等信息，通过浏览器读取 HTML 中的这些标签来显示页面，形成用户的操作界面。HTML 在浏览器中的显示效果及代码样式如图 1-2 所示。

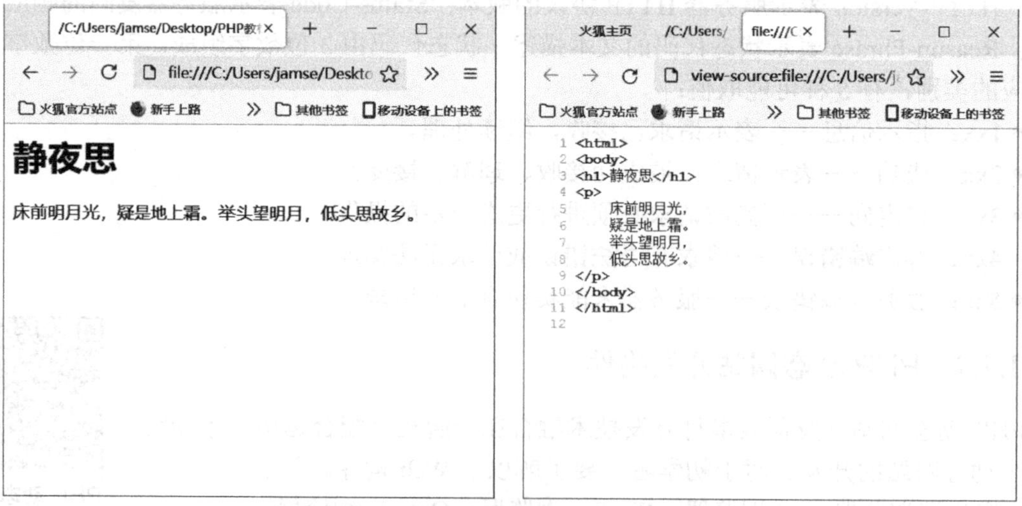

图 1-2 HTML 页面浏览效果及代码样式

3. CSS 层叠样式表

层叠样式表（CSS，Cascading Style Sheets）是一种用来表现 HTML（标准通用标记语言的一个应用）或 XML（标准通用标记语言的一个子集）等文件样式的计算机语言。CSS 不仅可以静态地修饰网页，还可以配合各种脚本语言动态地对网页中的各元素进行格式化。CSS 能够对网页中元素位置的排版进行像素级精确控制，支持几乎所有的字体字号样式，拥有对网页对象和模型样式的编辑能力，如图 1-3 所示。

```
<!DOCTYPE html>
<html>
<head>
<style>
body {
  background-color: lightblue;
}

h1 {
  color: white;
  text-align: center;
}

p {
  font-family: verdana;
  font-size: 20px;
}
</style>
</head>
<body>

<h1>我的第一个 CSS 实例</h1>
<p>PHP程序开发。</p>

</body>
</html>
```

图 1-3　CSS 叠层样式页面代码及浏览效果

4. JavaScript 脚本语言

HTML 用来在页面中显示数据，而 CSS 用来对页面进行布局和美化，客户端脚本语言 JavaScript 则是对互联网浏览器行为进行编程，用来编写网页特效，能够实现用户和浏览器之间的互动。JavaScript 是为网页设计者提供的一种编程语言，能对事件进行反映，可以修改 HTML、元素的属性，并被用来验证数据。JavaScript 在网页中的应用如图 1-4 所示。

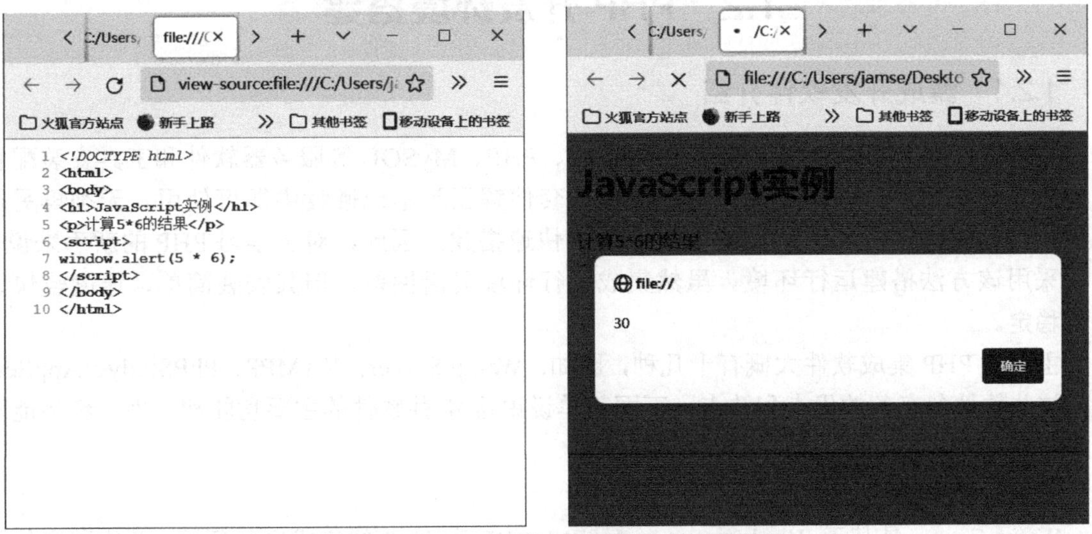

图 1-4　Javascript 脚本页面代码及浏览效果

5. Apache Web 服务器

Apache Web 服务器是 Apache 软件基金会的一个开放源码的网页服务器，可以在大多数计算机操作系统中运行，由于其多平台和安全性被广泛使用，是最流行的 Web 服务器端软件之一。它快速、可靠并且可通过简单的 API 扩展，将 Perl/Python 等解释器编译到服务器中。Apache Web 服务器的特点：一是源代码开源，有一支开放的开发队伍；二是支持跨平台的应用，可以运行 UNIX、Linux、Windows 等系统平台，有超强的可移植性。

和一般的 Web 服务器相比，Apache 主要特点如下。

- 跨平台应用：几乎可以在所有的计算机平台上运行。
- 开放源代码：Apache 服务程序由全世界的众多开发者共同维护，并且任何人都可以自由使用，充分体现了开源软件的精神。
- 支持 HTTP1.1 协议：Apache 是最先使用 HTTP1.1 协议的 Web 服务器之一，它完全兼容 HTTP1.1 协议并与 HTTP1.0 协议向后兼容。Apache 已为新协议所提供的全部内容做好了必要的准备。
- 支持通用网关接口（CGI）：Apache 遵守 CGl1.1 标准并且提供了扩充的特征，如定制环境变量和调试支持功能。
- 支持常见的网页编程语言：可支持的网页编程语言包括 PERL、PHP、Python 和 Java 等，支持各种常用的 Web 编程语言，使 Apache 具有更广泛的应用领域。
- 模块化设计：通过标准的模块实现专有的功能，提高了项目完成的效率。

6. MySQL 数据库

MySQL 数据库是一个开放源代码的软件，MySQL 数据库系统使用最常用的结构化 SQL 进行数据查询，是一个多线程、多用户的数据库服务器。MySQL 可以在 UNIX、Linux、Windows 和 Mac OS 等大多数操作系统中运行。MySQL 可以与 C、C++、Java、PHP、Python、Ruby 等多种程序语言结合，来开发 MySQL 应用程序，其中，与 PHP 的结合非常完美。MySQL 运行非常稳定并且性能优越。

1.2 PHP 开发环境搭建

1.2.1 集成开发软件介绍

集成软件，又叫组合包，就是将 Apache、PHP、MySQL 等服务器软件和工具安装配置完成后打包处理。开发人员只要将已配置的套件解压到本地硬盘中即可使用，无须再另行配置。由于集成软件实现了 PHP 开发环境的快速搭建，因此，对于学习 PHP 的新手来说，建议采用该方法搭建运行环境。虽然集成运行环境灵活性差，但其安装简单、速度较快、运行稳定。

主流的 PHP 集成软件大概有十几种，比如：Wamp Server，XAMPP，PhPStudy，AppServ 等，这些软件各有各的优点和缺点。下面简单说说这 4 种软件的主要功能和特性，希望能对大家的参考和选择有所助益。

1. Wamp Server

Wamp Server 是基于 Windows、Apache、MySQL 和 PHP 的集成安装环境，其安装和使用都非常简单。在 Wamp 官方网站下载最新版本的安装程序并解压后，直接双击安装程序，一路选择默认配置，连续单击“Next”按钮即可成功安装。软件安装成功并启动后，Wamp Server

图标会自动显示在桌面右下角的任务托盘中。如果服务启动异常，图标就是红色的；如果部分异常，它就变成黄色；如果一切正常，它将以绿色显示。右击 Wamp Server 图标，从快捷菜单中单击“Language”右侧按钮，在其下拉菜单中选择“Chinese”选项，可以更改界面显示语言为中文。单击 Wamp Server 按钮，将弹出操作界面，如图 1-5 所示。界面中主要菜单项的功能如下。

- Localhost：单击后打开浏览器，显示 Web 根文档目录下的信息。
- phpMyAdmin：显示利用 PHP 语言开发的数据库管理界面。
- WWW 目录：显示及修改默认的 Web 根文档目录。
- Apache：显示 Apache 服务器的相关配置选项。
- PHP：显示 PHP 的相关配置选项。
- MySQL：显示 MySQL 服务器的相关配置选项。

图 1-5　Wamp Server 界面

2. XAMPP

XAMPP（Apache+MySQL+PHP+Perl）是一款功能强大的本地测试平台。它可以在 Windows、Linux、Solaris、Mac OS 等多种操作系统下安装使用，支持英文、简体中文、繁体中文、韩文、俄文、日文等多种语言。

3. PhPStudy

PhPStudy 集成最新的 Apache+PHP+MySQL+phpMyAdmin+ZendOptimizer，一次性安装，无须配置即可使用，是非常方便、好用的 PHP 调试环境。该程序不仅包括 PHP 调试环境，还包括开发工具和开发手册等。

另外，程序自带 FTP 服务器，支持多用户，无须再安装 FTP 服务器。自带网站挂马监视器，随时记录文件的修改情况，让挂马文件无处可逃。

1.2.2　PhPStudy 集成环境安装

PhPStudy 集成环境

【实例 1-1】PhPStudy 集成环境安装

对于初学者，建议直接使用集成包，下面以 PhPStudy 为例介绍 PHP 服务器的安装与配置。

步骤一：下载 PhPStudy

打开浏览器，输入网址 https：//www.xp.cn/download.html，进入下载页面，根据操作系统类型（Windows 或 Linux、64 位或 32 位）选择下载的 PhPStudy 客户端的版本，如图 1-6 所示。

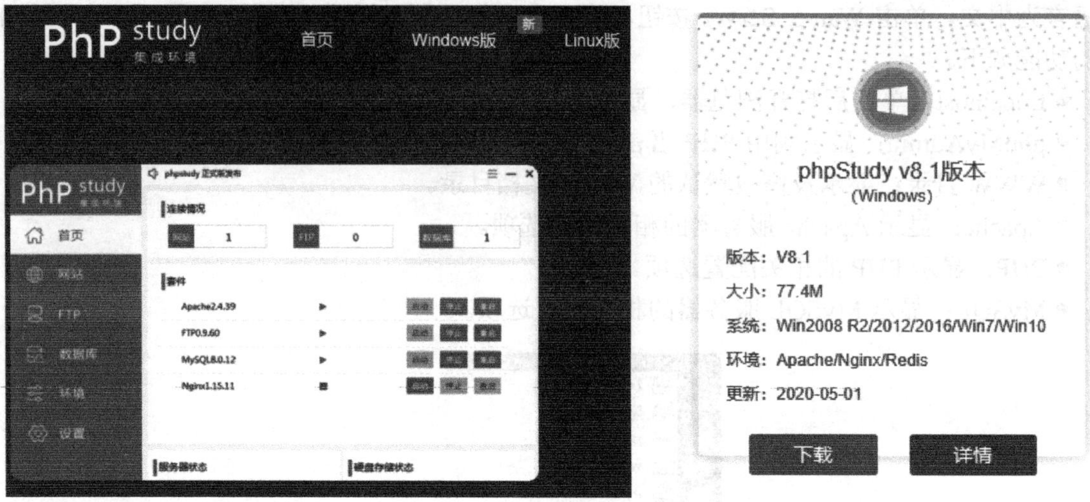

（a）　　　　　　　　（b）

图 1-6　PhPStudy 客户端下载

打开下载文件所在的文件夹，可将其剪切至桌面，也可以直接解压在该文件夹中，如图 1-7 所示。

图 1-7　解压文件夹

步骤二：安装 PhPStudy

解压到 D 盘根目录（可以自定义解压路径），找到“phpstudy_64”，打开后双击“phpStudy_x64_8.1.2.exe”运行安装，出现安装界面，单击下方的“浏览”按钮安装可设置除 C 盘外的安装路径，之后单击“立即安装”按钮即可，如图 1-8 所示。

（a）　　　　　　　　（b）

图 1-8　PhPStudy 安装

步骤三：配置 PhPStudy

首先要打开服务，先单击启动 WNMP，而后再单击“启动”套件中的“Apache”和“MySQL”，FTP 看状况，Nginx 服务和 Apache 是同一类型，选择“Apache”选项，“开机自启”不需要设置，用的时候再开启就行。PhPStudy 启动界面如图 1-9 所示。

【注意】操纵系统若是已经安装了 MySQL 服务，须要先卸载本机的 MySQL 服务，才能使用 PhPStudy，其余服务同理。

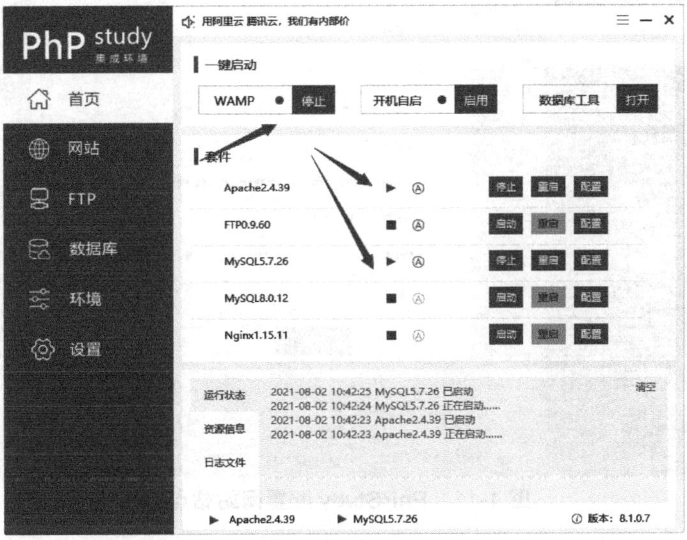

图 1-9 PhPStudy 启动界面

配置环境，PHP 的运行环境安装（本机若已经安装 PHP 环境，先卸载，理由同上文）如下：单击环境，而后单击 PHP 运行环境中的“安装”按钮，具体版本能够单击“更多”按钮来配置，在“Web Servers”中安装配置 Apache 服务器，在“php”中安装配置“PHP 运行环境”，在“数据库”中安装 MySQL 数据库，环境配置安装组件版本比较多，可以选择较新的版本安装，如图 1-10 所示。

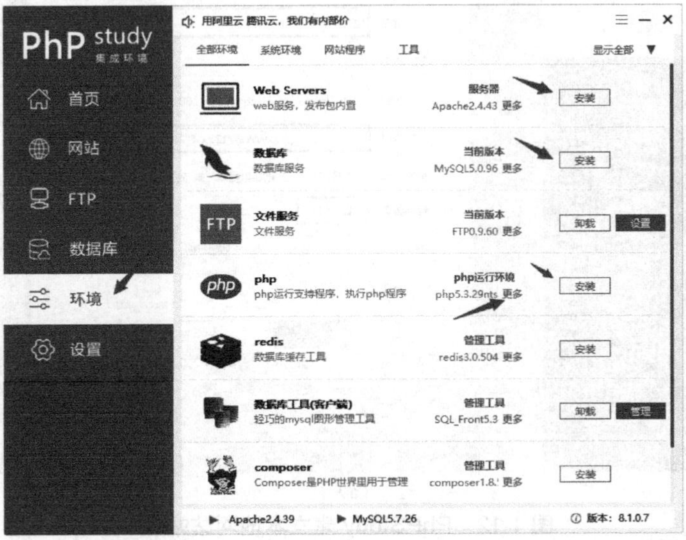

图 1-10 PhPStudy 配置 Apache 服务器+PHP 运行环境+MySQL 数据库

步骤四：搭建网站

至此，基本环境搭建完毕，而后配置网站，单击“网站”按钮，进入配置界面，如图 1-11 所示。

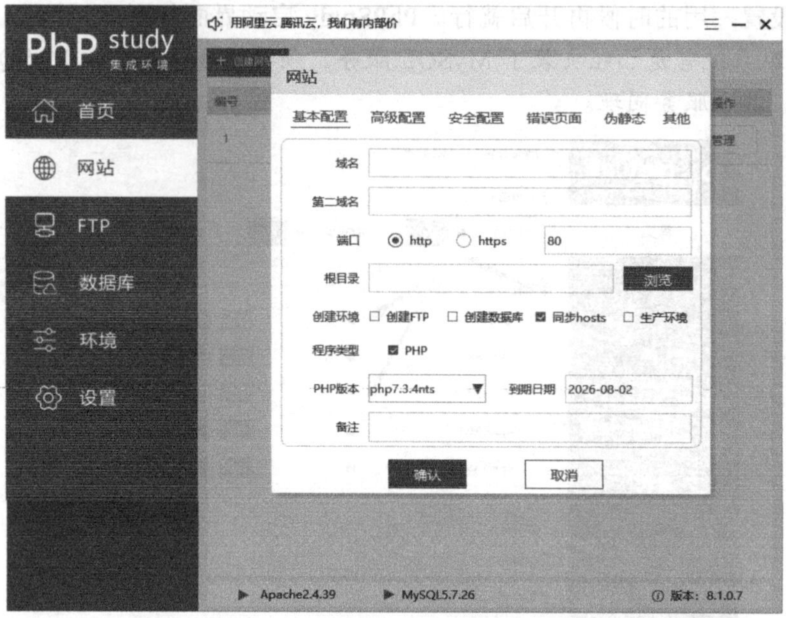

图 1-11　PhPStudy 配置网站站点

在本机开发新建一个网站时需要建立一个本地站点，因此在“域名”处输入“127.0.0.11”，为何这么输？因为 127 是本地域名，根目录填写 PhPStudy 中的 www 安装地址（通常自动就填好了），具体如图 1-12 所示。

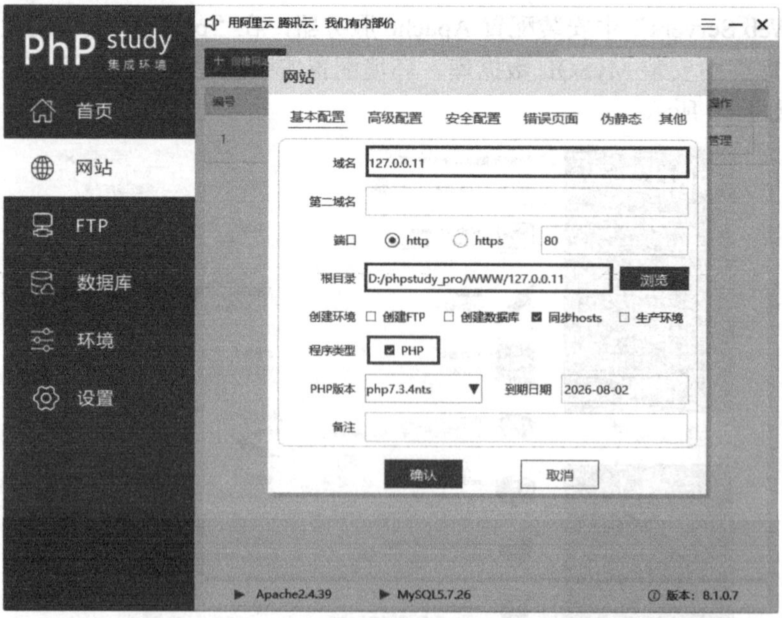

（a）

图 1-12　PhPStudy 建立本地网站站点

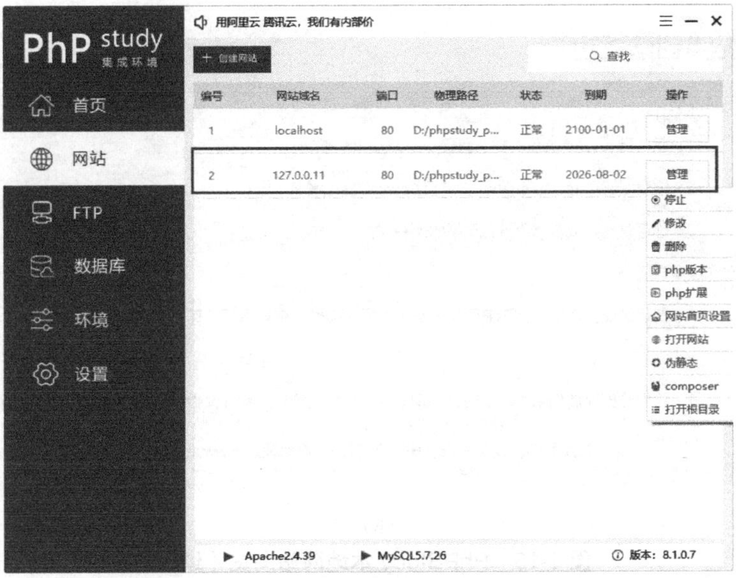

（b）

图 1-12　PhPStudy 建立本地网站站点（续）

接下来验证是否能够访问，单击新建的网址右边的“管理”按钮，选择“打开网站”选项，会出现网站界面表示配置成功，如图 1-13 所示。

1.2.3　PHP 代码开发工具

由于 PHP 是一种开放性的语言，对于其开发环境没有强而权威的支持。随着 PHP 的不断发展，大量优秀的开发工具纷纷涌现出来。使用一个适合自己的开发工具，不仅可以加快学习进度，还能在以后的开发过程中及时发现问题，少走弯路。目前流行的 PHP 开发工具有 Dreamweaver、Notepad++、Zend Studio 和 Sublime Text 等。

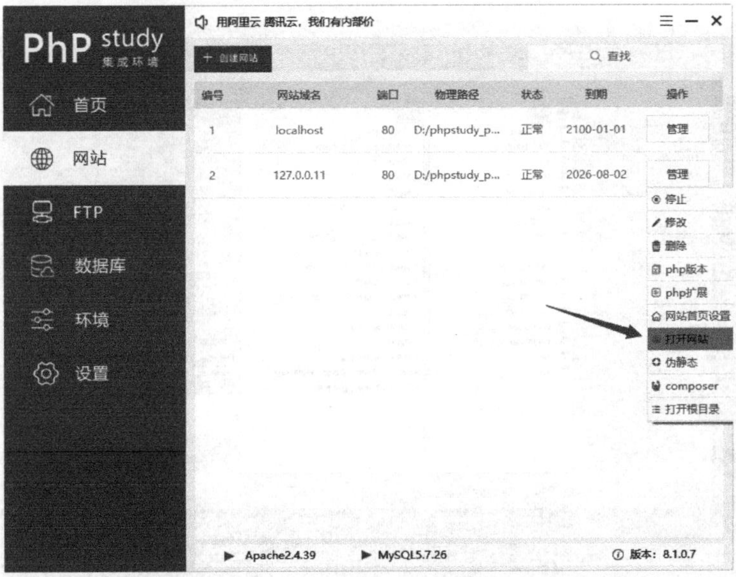

（a）

图 1-13　PhPStudy 本地网站浏览

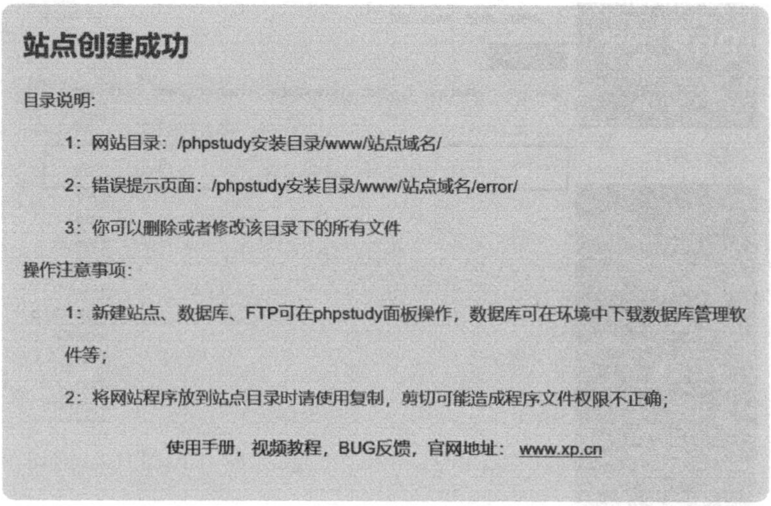

（b）

图 1-13　PhPStudy 本地网站浏览（续）

1. Dreamweaver

Dreamweaver 是一款专业的网站开发工具。它将可视化工具和应用程序开发功能及代码编辑支持组合在一起。它具有代码自动完成功能，可以提高编写代码的速度，并且能减少错误代码出现的概率。它不仅适合初学者，也适合网站设计师、网站程序员开发各种大型的应用程序。

Dreamweaver 支持 PHP+MySQL 的可视化开发，对于初学者来说是一个比较好的选择。它提供了代码折叠功能，可以将一个代码块或者一个方法折叠起来用两行代替，需要时再展开。除了上述这些特征，它还包括语法加亮、函数补全、形参提示等。如果进行的是一般网页的制作，可以不写一行代码就能完成一个网页，并能达到所见即所得。如图 1-14 所示为 Dreamweaver CS6 版本。

图 1-14　Dreamweaver CS6

2. Notepad++

Notepad++是一款开源的免费软件，是非常有特色的编辑器，可以支持 Java、C、C++、C#、XML、HTML、PHP、JavaScript 等，支持的语言达到 27 种。它提供了语法高亮显示，可自动检测文件类型，根据关键字显示节点，节点可以自由地打开或折叠。代码显示非常有层次感，这也是这款软件具有的特色之一。对初学者而言，为养成手写编程代码的规范可以选择这一款开发工具。Notepad++工具如图 1-15 所示。

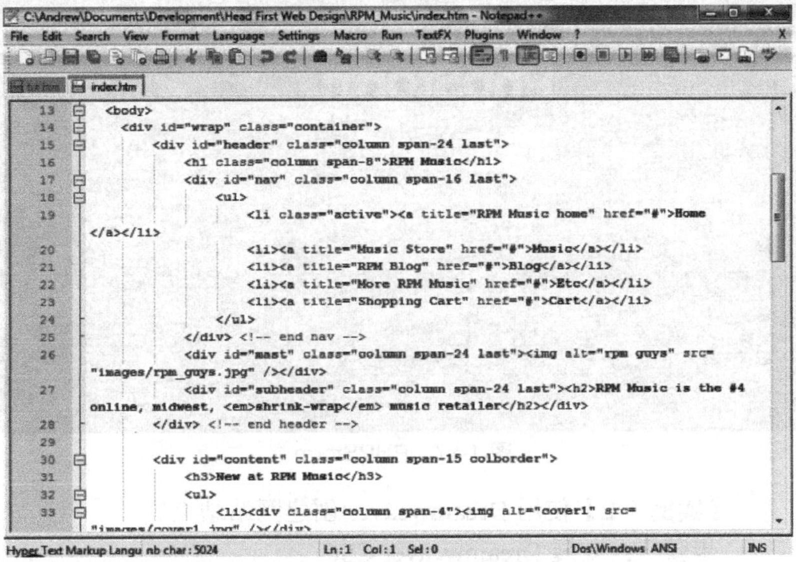

图 1-15　Notepad++

3. Zend Studio

Zend Studio 是 Zend Technologies 公司开发的 PHP 语言集成开发环境（IDE）。它除了有强大的 PHP 开发支持，也支持 HTML、JS、CSS，但只对 PHP 语言提供调试支持。Studio5.5 系列后，官方推出了基于 Eclipse 平台的 Zend Studio。Zend Studio 工具如图 1-16 所示。

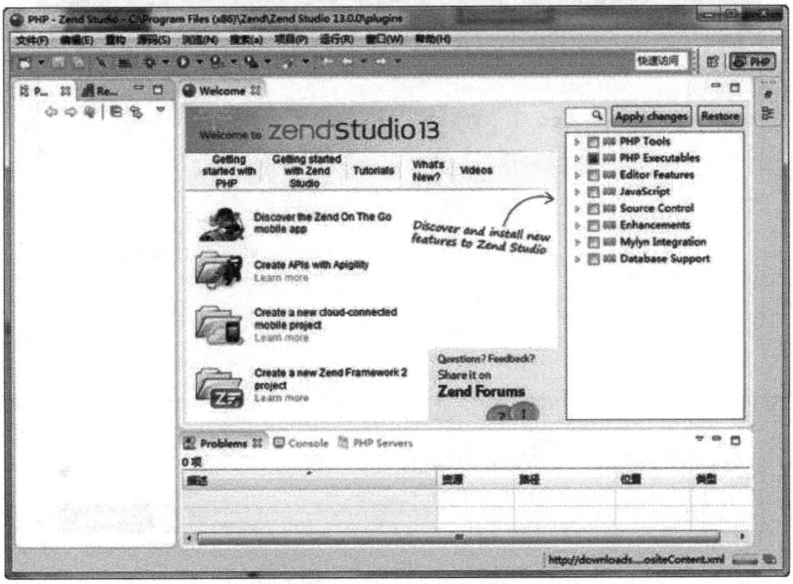

图 1-16　Zend Studio

4. PHPStorm

PHPStorm 是 JetBrains 公司开发的一款商业的 PHP 集成开发工具，是一个轻量级且便捷的 PHP IDE，其旨在提高用户效率，深刻理解用户的编码。其 PHP 智能编辑器支持 PHP 代码补全、智能重复编码检测、PHP 重构、Smarty 和 PHPdoc 等功能。其界面如图 1-17 所示。

图 1-17　PHPStorm

创建一个简单网站

【实例 1-2】使用 Dreamweaver 创建网站站点

步骤一：安装 Dreamweaver CS6

在百度上搜索“Dreamweaver CS6”，找到 Dreamweaver CS6 下载地址，下载并安装软件，建议避免安装在 C 盘等操作系统所在盘，如图 1-18 所示。

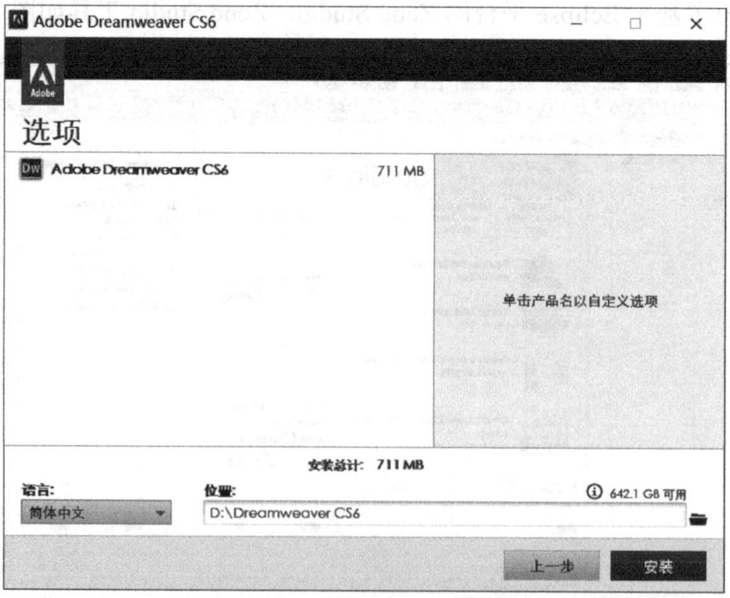

（a）

图 1-18　Dreamweaver CS6 安装

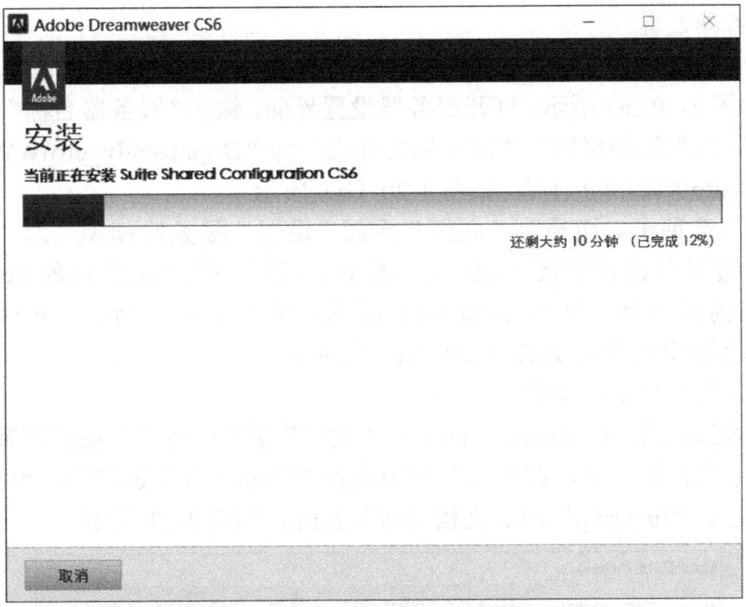

（b）

图 1-18　Dreamweaver CS6 安装（续）

步骤二：站点设置

首先在本地磁盘创建一个新文件夹作为本地站点根文件夹，以便存放相关文档。此处为前面创建的“127.0.0.11”文件夹。

选择“站点”→“新建站点”选项，打开“站点设置对象 myweb”对话框。默认显示“站点”选项，在“站点名称”文本框中输入站点名称，此处为“myweb”，单击“本地站点文件夹”编辑框右侧的“浏览文件夹”按钮，在打开的“选择根文件夹”对话框中选择前面创建的文件夹“127.0.0.11”，然后单击“选择”按钮，设置网站根文件夹，如图 1-19 所示。

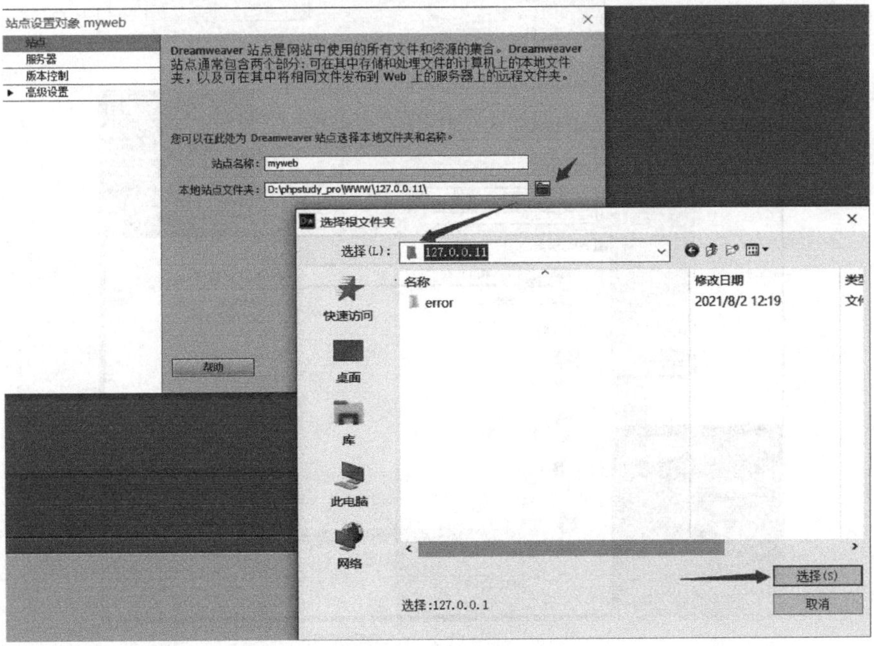

图 1-19　设置站点

步骤三：服务器设置

在左侧列表中选择“服务器”选项，对话框右侧将显示服务器相关信息。单击“添加新服务器”按钮，如图 1-20（a）所示。打开服务器设置界面，输入“服务器名称”为“127.0.0.11”，设置“连接方法”为“本地/网络”，“服务器文件夹”为“D:\phpstudy_pro\WWW\127.0.0.11”，“Web URL”为“http://127.0.0.11/”，如图 1-20（b）所示。

打开“高级”选项卡，切换到“高级”界面，设置“服务器模型”为“PHP MySQL”，单击“保存”按钮保存设置如图 1-20（c）所示。回到“站点设置对象 myweb”对话框，可以看到已添加的服务器，如图 1-20（c）所示。单击选中“测试”单选按钮后，单击“保存”按钮成功创建站点，如图 1-20（d）所示。

步骤四：设计第一个 Web 页面

在完成站点的创建后，在 Dreamweaver 的“文件”面板中可看到站点及其中的目录结构，选择站点根目录单击鼠标右键，在弹出菜单中选择“新建文件”选项后，给页面文件重命名为“first.php”，双击“first.php”网页文档可将其打开，如图 1-21 所示。

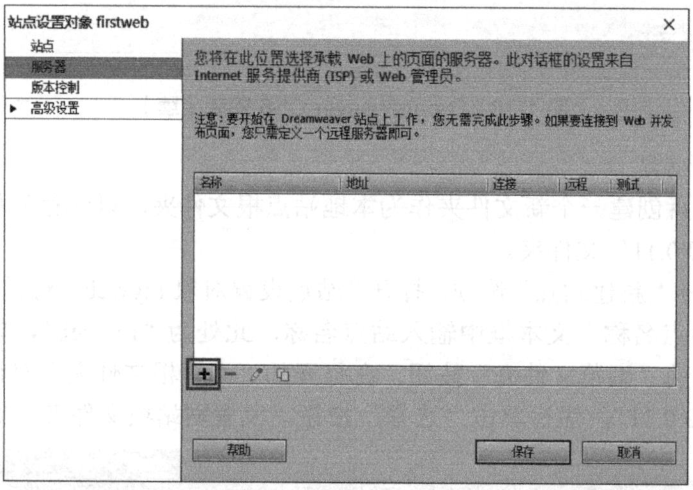

（a）

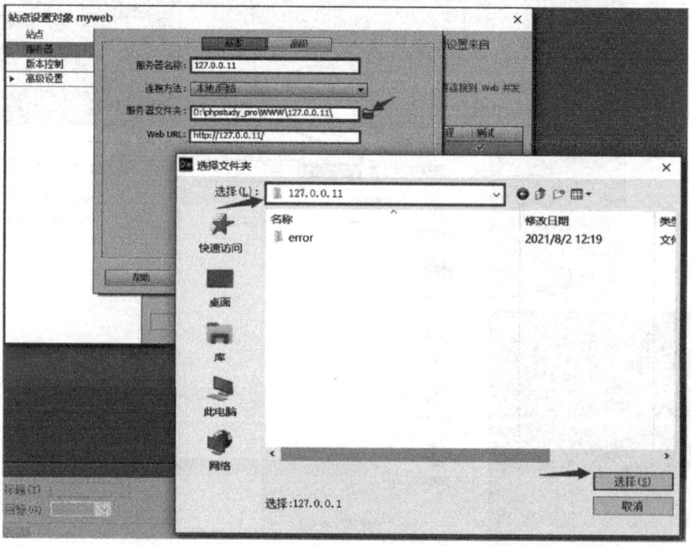

（b）

图 1-20　本地/网络服务器设置

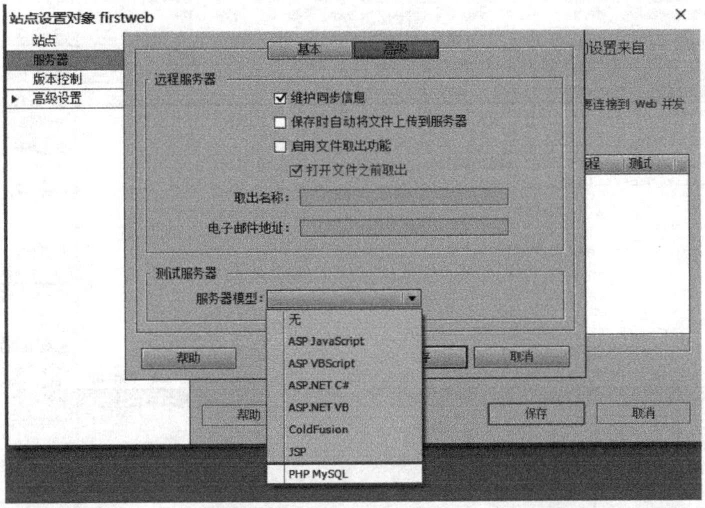

(c)

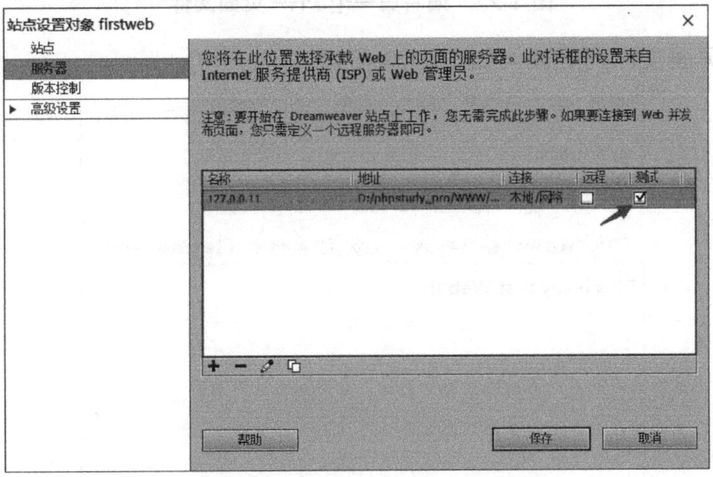

(d)

图 1-20 本地/网络服务器设置（续）

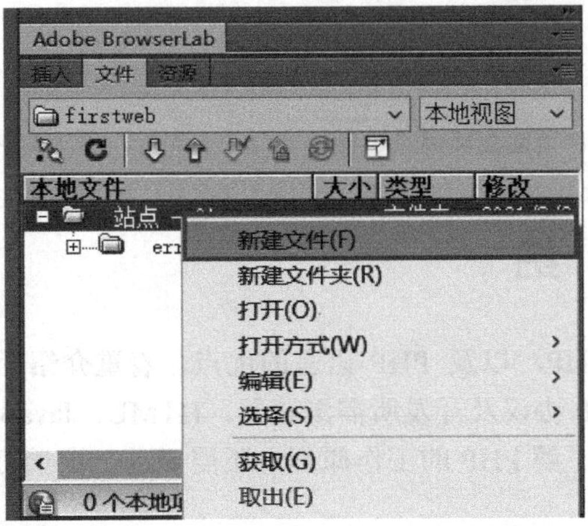

(a)

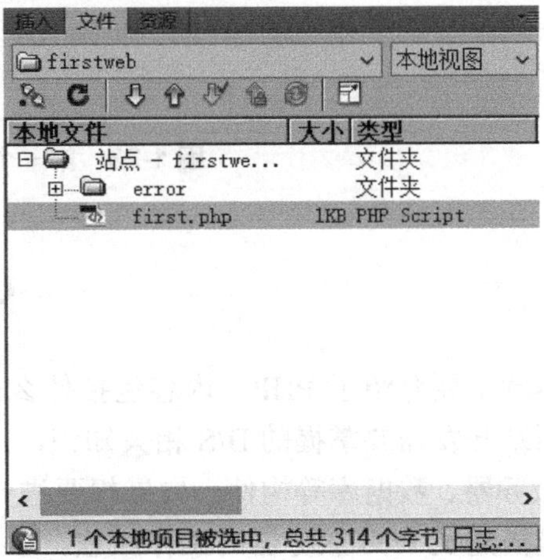

(b)

图 1-21 新建 PHP Web 页面

在 Dreamweaver 的代码编辑区，如图 1-22 所示编写第一个 PHP 页面文件代码，并保存。

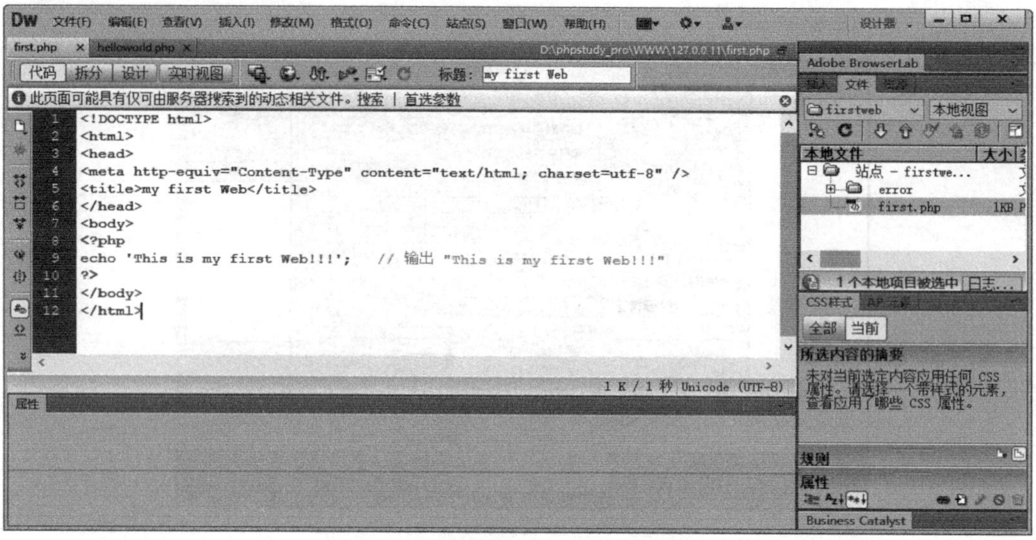

图 1-22　编写第一个 PHP 页面文件

第一个 PHP 页面文件浏览效果如图 1-23 所示。

图 1-23　第一个 PHP 页面文件浏览效果

小　结

本章主要介绍了 PHP，内容包括什么是 PHP，以及 PHP 语言的优点，着重介绍了 PHP 动态网站开发需要掌握的 B/S 相关知识，HTTP 协议及开发所需浏览器，HTML、JavaScript、Web 服务器、数据库等构件。如果想要进一步了解 PHP 的工作原理，还需要进一步学习 PHP 的环境搭建及 Web 服务器的工作原理。

本章的难点和重点是 PHP 动态网站开发基础知识。初学者需要理解动态网站 B/S 结构的工作原理，了解 PHP 动态网站开发所需各种构件的作用，对动态网站开发的理解有利于运用各种构件的功能完成对 PHP 动态网站融合开发，使开发过程更加轻松和便捷，达到事半功倍的效果。

上机习题

1. 上网查询 PHP 的功能和应用场景。
2. 用 PHP 编写一个 Web 页面上显示“Hello World”的 PHP 页面程序。
3. 使用 Dreamweaver 设计工具，运用 JavaScript 脚本和 HTML 语言编写一个弹出式提示框，提示内容为“Hello World”的 HTML 页面程序。

第 2 章

PHP 程序基础

2.1 PHP 语言规范

PHP 是一种创建动态交互性站点、强有力的服务器端脚本语言。PHP 代码嵌入 HTML 代码中，通过一定的标记来区分 HTML 代码、客户端和服务器端代码。PHP 文件格式非常简单，可以通过任何文本编辑工具，如记事本、Dreamweaver 等来编写 PHP 代码，最后将其保存成后缀为“.php”的文件即可。

PHP 文件无须编译即可运行，只要配置好运行环境，然后将 PHP 文件放在相应的发布目录中，就可以通过浏览器浏览文件了。

PHP 语言规范

一个完整的 PHP 文件由以下元素构成：

- HTML 标记；
- PHP 标记；
- PHP 代码；
- 注释；
- 空格。

【注意】在 PHP 程序代码中，可以将一条语句拆分为多行，也可以紧缩成一行，空格（包括 Tab 制表符、换行符）在解释执行过程中会被 PHP 引擎忽略。但空格的合理运用（通过排列分配、缩进等）可以增强程序代码的清晰性与可读性。

【实例 2-1】下面是一个简单的 PHP 程序代码。

```
<html>
<head>
<title>Hello World!</title>
</head>
<body>
<?php
echo "Hello World!";//输出“Hello World!”
?>
</body>
</html>
```

以上代码中，“<html>”和“<head>”等表示 HTML 代码，“<?php……?>”表示 PHP 标记，“echo "Hello World!";”表示 PHP 代码，//输出“Hello World!”表示代码注释。

【运行结果】以上代码的执行效果如图 2-1 所示。

图 2-1　代码执行效果

2.1.1　PHP 基本语法和标记

1. PHP 基本语法

PHP 基本语法格式如下：

```
<?php
echo "这是 PHP 程序的基本格式";
?>
```

【注意】

- <?php ...?>，PHP 起始和结束标记。
- 每句结束加分号“;”，否则程序运行会出现错误。
- echo 为 PHP 的输出语句。

2. PHP 标记

由于 PHP 嵌入在 HTML 中，因此需要标记区分。通常情况下，可以用以下方式来标记 PHP 代码。

```
• <?php......?>;
• <?......>;
• <script language=php>……</script>;
• <%……%>。
```

1）XML 标准方式

```
<html>
<head>
<title>这是 XML 标准方式</title></head>
<body>
<?php
echo "这是 XML 标准方式! ";
?>
</body>
</html>
```

XML 标准方式使用标准分界符“<?php”和“?>”作为 PHP 的开始和结束标记，是 PHP 默认的风格，也是通常情况下使用的 PHP 标记风格。

2）简短方式

```
<html>
<head>
<title>这是简短方式</title>
</head>
```

```
<body>
<?echo "这是简短方式!";
?>
</body>
</html>
```

简短方式使用短标签“<?”和“?> ”作为 PHP 的开始和结束标记。要使用这种方式，必须在 php.ini 配置文件中将 short_open_tag 设置为“on”(新版本的 PHP 中默认设置为“off”)，否则编译器将不予解析。

3）SCRIPT 脚本方式

```
<html>
<head>
<title>这是 SCRIPT 脚本方式</title>
</head>
<body>
<script language="php">
echo "这是 SCRIPT 脚本方式!";
</script>
</body>
</html>
```

SCRIPT 方式使用“<script language="php">”和“</script>”作为 PHP 的开始和结束标记。这种标记可以在任何情况下使用，不过它与 JavaScript 脚本的嵌入方式类似，使用不方便，通常使用率不高。

4）ASP 方式

```
<html>
<head>
<title>这是 ASP 方式</title>
</head>
<body>
<% echo "这是 ASP 方式!";%>
</hody>
</html>
```

ASP 方式使用“<%”和“%>”作为 PHP 的开始和结束标记。这种模仿了 ASP、JSP 语言的标记，为 ASP、JSP 编程人员转向 PHP 编程提供了便利。使用这种方式，必须在 php.ini 配置文件中将 asp_tag 设置为“on”，否则这种标记风格不起作用。

【注意】开始与结束标记中的关键字不区分大小写，如“<?php”和“<?PHP”是一样的。

【实例 2-2】显示今天是星期几

打开 Dreamweaver 软件，在当前站点主目录下新建一个 PHP 页面文件，其中站点主目录在上一章节已经配置好了。保存文件，取名为“2-2.php.”。在该文件中输入如下程序代码：

```
<html>
<head>
<title>xingqi</title>
</head>
<body>
<?php
echo date("l"); //data 就可以获取英文的星期,比如 Sunday
?>
</body>
```

```
</html>
```

【运行结果】启动 PhPStudy 集成环境，打开浏览器，在浏览器地址栏中，输入地址 http://127.0.0.11/2-2.php，查询运行效果，如图 2-2 所示。

图 2-2 运行效果

2.1.2 PHP 注释

任何一种编程语言，都少不了对代码的注释。因为一个好的应用程序源代码都有非常详细的注释。良好的注释对代码后期的维护和升级能够起到非常重要的作用。

为 PHP 程序添加注释的方法非常灵活。可以使用 C 语言、C++语言或者是 UNIX 的 Shell 语言的注释方式，还可以混合使用。可以使用“//”或者“#”对单行代码进行注释，同时还可以通过“/*…*/”对大段代码进行注释，但是不能嵌套使用“/*…*/”注释符号。

【注意】 注释符将不会被解析，服务器执行脚本语言时也不会受影响，用户要养成使用注释符对代码进行简要说明的习惯，便于程序的读写。

2.1.3 PHP 语句及语句块

PHP 程序一般由若干条 PHP 语句构成，每条 PHP 语句完成某项操作。PHP 中的每条语句以英文分号“;”结束，只有 PHP 结束标记之前的 PHP 语句可以省略结尾分号“;”。

（1）简单的语句

每行至多包含一条语句，例如，“num++;”，这是正确的。

（2）复合语句

复合语句也称块语句，是包含在大括号中的语句序列，形如“{语句}”。单独使用语句块时，没有任何意义，语句块只有和条件控制语句（if-else）、循环语句（for 和 while）、函数等一起使用时才有意义。例如：

```
<?php
$flag=true;
if(flag){?>
<strong>Right.</strong>
<?php
}else{?>
<strong>Wrong.</strong>
<?php
}?>
```

2.2 PHP 数据类型

PHP 是一种类型比较弱的语言，就是说变量可以包含任意给定的数据类型，该类型取决于使用变量的上下文环境。在 PHP 中，可以直接为变量赋值，而不需要对其数据类型进行声明，如下所示：

```
$str="I like Monkey";//表示$str 为字符串型
$number=50;//表示$number 为整型
```

事实上，PHP 中变量数据类型的定义是通过为变量赋值（初始化），由系统自动设定的。PHP 支持 8 种原始类型（type），其中有 4 种标量类型，2 种复合类型和 2 种特殊类型。

标量数据类型包括 boolean（布尔型）、string（字符串型）、integer（整型）和 float（浮点型，也称作 double）。

复合数据类型包括 array（数组）和 object（对象）；特殊数据类型包括 resource（资源）和 NULL（空值）。下面分别介绍这些数据类型。

数据类型

- 数据类型
  - 标量数据类型
    - boolean（布尔型）
    - string（字符串型）
    - integer（整型）
    - float（浮点型）
  - 复合数据类型
    - array（数组）
    - object（对象）
  - 特殊数据类型
    - resource（资源）
    - NULL（空值）

2.2.1 标量数据类型

标量数据类型是数据结构中最基本的单元，只能存储一个数据。在 PHP 中，标量的数据类型有 4 种。

1. 布尔型（boolean）

布尔型也叫逻辑型，它保存一个 true 值或者一个 false 值。通常用在判断中，设置一个布尔类型的变量，赋值为 true 或 false 即可。如下所示：

```
$var bool=true;
```

【注意】美元符号$是变量的标识符，所有变量都以$符号开头，无论是声明变量还是调用变量，都应使用$符号。

true 和 false 实际上代表数字 1 和 0，因此 true 在输出时显示为 1，false 在输出时显示为 0。当转换布尔型时，以下值被认为是 false：

- 布尔值 false；
- 整型值 0（零）；
- 浮点型值 0.0（零）；
- 空白字符串和字符串“0”；
- 没有成员变量的数组。

【实例 2-3】布尔类型判断今天是否带伞。

打开 Dreamweaver 软件，在当前站点主目录下新建一个 PHP 页面文件，其中站点主目录在上一章节已经配置好了。保存文件，取名为“2-3.php.”。在该文件中输入如下程序代码：

```
<?php
$a=true;  //定义 a 变量,如果下雨赋值为 true,不下雨赋值为 false
if($a)
echo "今天下雨请别忘了带雨伞! ";
else
echo "天气不错,不需要带雨伞! ";
?>
```

【运行结果】当布尔类型变量为 true 时，输出的结果为“今天下雨请别忘了带雨伞!”；当布尔类型变量为 false 时，则输出“天气不错，不需要带雨伞!”，运行效果如图 2-3 所示。

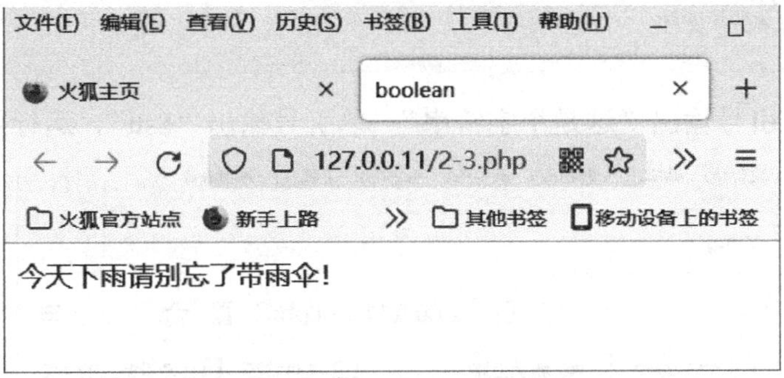

图 2-3　布尔型实例运行效果

2. 字符串型（string）

字符串是连续的字符序列，由数字、字符和符号组成。字符串中每个字符占用一个字符。在 PHP 中，字符串的定义方式有两种，分别是一对双引号、一对单引号之间的一串字符和界定符。引号必须匹配，以单引号开始，必须以单引号结束；以双引号开始，必须以双引号结束。定义格式介绍如下。

1）单引号方式

定义一个字符串最简单的方法是用单引号把它引起来，如下所示：

```
$str='This is a string!';
```

使用单引号表示字符串时，要表达一个单引号自身，需在它的前面加个反斜线“\”来进行转义。要表达一个反斜线自身，则用两个反斜线“\\”。其他任何方式的反斜线都会被当成反斜线本身，也就是说如果想使用其他转义序列，如\r 或者 n，并不代表任何特殊含义，就单纯是这两个字符本身。

【注意】在用单引号定义字符串类型的变量名时，PHP 不会将其按照变量进行处理，而是将其看作字符串。

2）双引号方式

双引号字符串的赋值方式如下：

```
$str="这是带双引号的字符串";
```

如果字符串是用双引号（"）定义的，则支持更多种类的转义字符。例如，“\n”表示换行，“\r”表示回车，“\t”表示水平制表符，“\"”表示显示双引号，“\\”表示反斜线，“\$”表示美元标记，显示一个$符号，否则会被当成变量。

【注意】和单引号字符串一样，转义任何其他字符都会导致反斜线被显示出来。使用单引号与双引号定义字符串的区别是：在使用单引号时，程序不会首先去判断该字符串中是否含有变量，而是将全部内容当成字符串来输出；在使用双引号时，程序首先会去判断字符串中是否含有变量，如果含有变量，则直接输出变量值。

【实例 2-4】单引号与双引号字符串的输出区别示例。

下面的实例分别使用单引号和双引号输出同一个变量，使用双引号输出的是变量值，而使用单引号输出的是字符串“$str”。代码如下：

```
<?php
$str='这是个字符串';//声明一个字符串变量
echo "$str ";//用双引号输出
echo "<br>";//输出分行符
echo '$str ';//用单引号输出
?>
```

【运行结果】双引号输出“这是个字符串”，单引号输出“$str”，运行效果如图 2-4 所示。

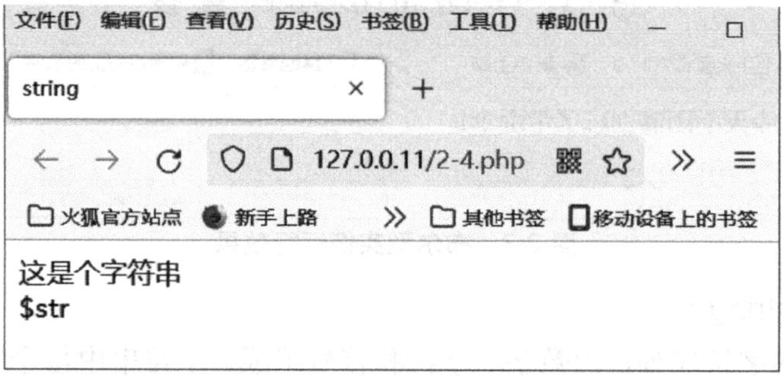

图 2-4　单引号与双引号字符串输出运行效果

【注意】在使用单纯字符串时，使用单引号是一个更加合适的处理方式。因为使用双引号，PHP 将花费一些时间来处理字符串的转义和变量的解析。

从以上实例中可以看出，字符串中可以包含单引号或者双引号。另外字符串中有时还需要使用特殊字符，可以用反斜线“\”表示。常见的转义字符如表 2-1 所示。

表 2-1　常见转义字符

字符形式	功　能
\n	换行并归 0
\br	换行
\t	跳格
\'	单引号
\”	双引号
\$	$符号
\r	回车

【实例 2-5】转义字符使用示例。

先给变量 a，b，c 分别赋值“Dear\n”“php \brgreat!”含有转义字符的字符串，再输出变量。查看输出结果的变化。代码如下：

```
<?php
$a="Dear\n";
$b="php \r<br>";
$c="great!";
echo $a.$b.$c;
?>
```

【运行结果】“echo $a，$b，$c；”输出定义的三个变量，赋值时包含转义字符。转义字符可以参照表 2-1 查阅，程序运行效果如图 2-5 所示。

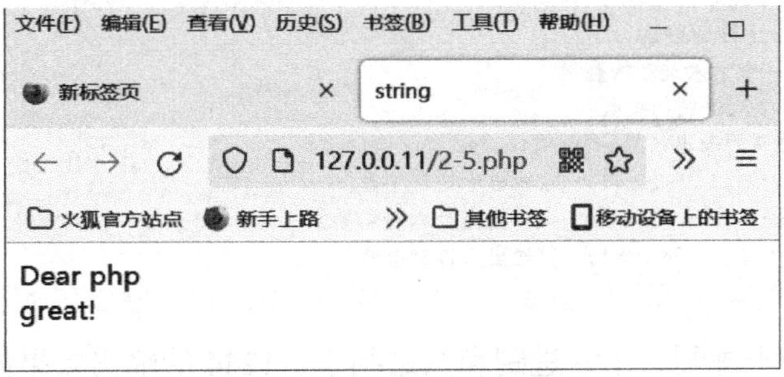

图 2-5 转义字符运行效果

3）定界符方式

定界符采用两个相同的标识符来定义字符串，使用该方式定义字符串时要特别注意开始和结束符必须相同，另外必须要遵守以下规则：

- 开始标识符前面要有 3 个尖括号<<<；
- 结束标识符必须单独另起一行，并且在该行第一列，前面不能有任何空格或其他多余字符；
- 标识符的命名也要像其他标签一样遵守 PHP 规则，只能包含字母、数字和下划线，并且必须以字母和下划线开头。

【实例 2-6】界定符字符串使用示例。

通过初始化字符串变量$jdstr，并利用界定符设置字符串变量，通过输出语句“echo $jdstr；”可以输出该变量值。代码如下：

```
<?php
$jdstr=<<<a
这是<br>界定符包含的字符串<br>?
a;
echo $jdstr;
?>
```

【运行结果】界定符内字符串按照正常输出，如图 2-6 所示。

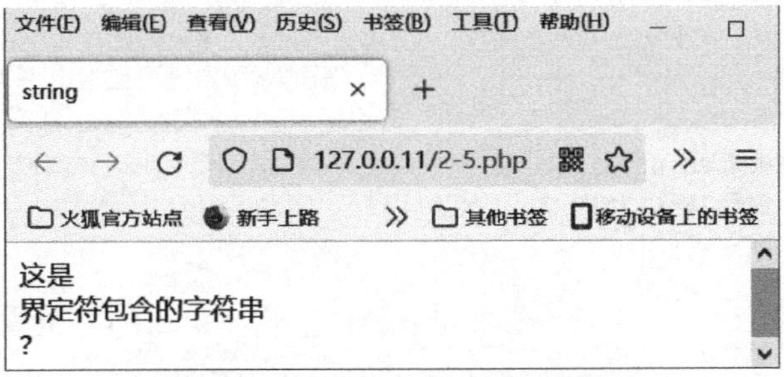

图 2-6 界定符字符串运行效果

【注意】界定符和双引号的使用效果相同，唯一区别是使用界定符定义字符串中的双引号不需要使用转义字符就可以实现。

3. 整型

整型即为整数。在 PHP 中，整型可以用十进制、十六进制或八进制的方式表示数值。如果采用八进制方式，数字前面必须用 0；如果采用十六进制方式，则需要加“0x”。

【实例 2-7】整型十进制、十六进制和八进制下，1234 的输出结果，代码如下：

```
<?php
$s1 =1234; //声明一个十进制整数
$s2 =0x1234; //声明一个十六进制的整数
$s3= 01234; //声明一个八进制的整数
echo '整数 1234 不同进制的输出结果:<p>';
echo '十进制的结果是:'.$s1.'<br>'; //输出十进制整数
echo '十六进制的结果是: '.$s2.'br>'; //输出十六进制整数
echo '八进制的结果是:'.$s3.'<br>'; //输出八进制整数
?>
```

【运行结果】整型十进制、十六进制和八进制下，1234 的输出效果如图 2-7 所示。

图 2-7　整型不同进制的输出效果

【注意】PHP 中不支持无符号整数，所以无法像其他语言一样把整数都表示成正数，即最大值翻一倍。最大值可以用常量 PHP_INT_MAX 来表示，如果一个数或者运算结果超出了整型范围，将会返回 float。

4. 浮点型（float）

浮点数据类型可以用来存储小数也可以用来存储整数。它提供的精度比整数大很多，在 32 位的系统中，它的取值范围为 1.7E-38～1.7E+38。在 PHP4 版本以前中，浮点类型叫 double 双精度浮点型，目前两者没有区别。

【实例 2-8】浮点数以不同形式输出示例。

浮点型数值以不同形式输出的代码如下：

```
<?php
$a=78.657;//十进制数
$b=-78.657;//负数
$c=78.657e+2;//此浮点数是 78.657*102
$d=78.657e-2;//此浮点数是 78.657*10-2
echo $a;
echo "<br>";
echo $b;
echo "<br>";
echo $c;
```

```
echo "<br>";
echo $d;
?>
```

【运行结果】浮点型数值以不同形式输出的运行效果如图 2-8 所示。

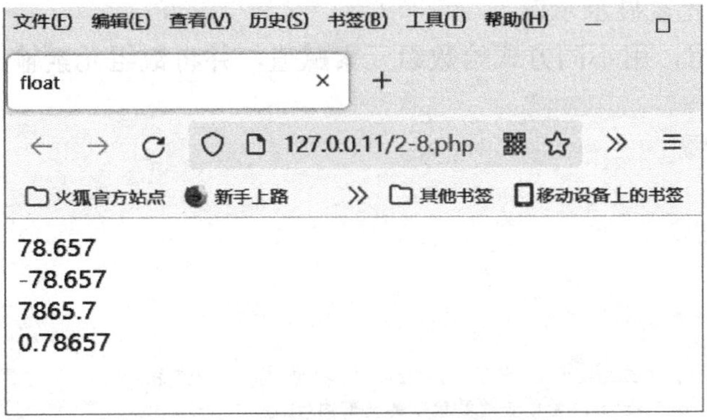

图 2-8　浮点型数值不同的输出效果

【注意】PHP 中浮点类型的精度有点问题，所以在应用浮点数时，尽量不要去比较两个浮点数是否相等，也不要将一个很大的数与一个很小的数相加减，此时那个很小的数可能会被忽略。如果必须进行高精度数学计算，可以使用 PHP 提供的专用数学函数序列和 gmp( ) 函数。

2.2.2　复合数据类型

复合数据类型

复合数据类型就是将多个简单数据类型组合在一起，存储在一个变量名中。PHP 提供了数组（array）和对象（object）两种复合数据类型，它们都可以包含一种或多种简单数据类型。

1. 数组

数组是一组数据的集合，把一系列数据组织起来，形成一组相同变量的整体。数组中可以包含多种数据类型，如标量数据、数组、对象、资源等。

在 PHP 中数组主要有两种类型索，即引数组和关联数组，本节只做简单的介绍，在第 4 章中进行重点学习。

数组中的每一个数据称为元素，其中索引数组中元素包括索引和值两部分，关联数组中元素包括键名和值两部分。索引数组中的索引由数字组成，关联数组中的键名由字符串组成。

索引数组的定义方法如下：

```
<?php
//方法一：
$a=array ('PHP','中国',true,1.12,1);
//方法二：
$sname[0]="张三";$sname[1]="李四";
?>
```

关联数组的定义方法如下：

```
<?php
//方法一：
$a=array("sid"=>21, "sname"=>'王五 ', "sex"=>'男 ');
```

```
//方法二:
$sid['张三']="3";$sid['李四']="20";$sid[ '王五']= "21";
?>
```

数组不仅包含一维数组，也包含多维数组。

【实例 2-9】数组元素显示示例。

构造一个一维数组，用不同方式给数组元素赋值，并将数组元素输出显示，代码如下：

```
<?php
$a=array ('PHP','中国 ', true,1.12,1);
$num[1]="red";
$num[2]="blue";
echo $a[1];
echo "<br>";
echo $num[1];
echo "<br>";
$arr=array("sid"=>21, "sname"=>'王五 ', "sex"=>'男 '); //使用 array 构建数组
print_r($arr); //用 print_r()函数查看数组中的全部内容
echo "<br>";
echo $arr[ "sid"]; //通过下标访问单个元素,sid
echo "<br>";
echo $arr[1];
?>
```

【运行结果】不同结构数组元素的输出效果如图 2-9 所示。

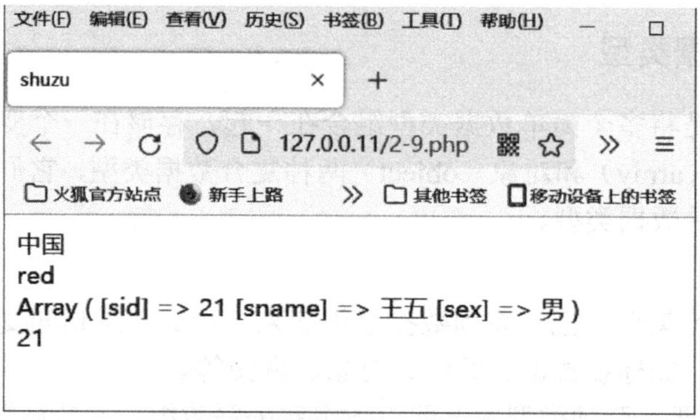

图 2-9　不同结构数组的输出效果

2. 对象（object）

对象是一种更高级的数据类型，对象类型的变量由一组属性值和一组方法构成。对象可以表示具体的事物，也可以表示某种抽象的规则、事件等。

2.2.3　特殊数据类型

特殊数据类型包括资源（resource）和 NULL（空值）两种。

1. 资源（resource）

资源是一种特殊变量类型，用于保存对外部数据源的引用，如文件、数据库连接、图形图片等。在 PHP 中，只有负责将资源绑定到变量的函数才能返回资源，无法将其他数据类型转换为资源类型。资源变量并不真正保存一个值，而只是保存一个指针。在使用资源时，系统会自动启用垃圾回收机制，释放不再使用的资源，避免内存消耗殆尽。

【实例 2-10】读取文件资源类型。

在站点目录中新建一个名为“abc.txt”的文本文件，设计 PHP 程序读取该文件的内容显示在页面。代码如下：

```
<?php
/*使用 fopen()函数以写的方式打开目录下的 abc.txt 文件,返回文件资源*/
$file = fopen("abc.txt","r");
echo get_resource_type($file);
echo '<br>';
echo fpassthru($file);
fclose($file);
?>
```

【运行结果】读取文件资源类型的运行效果如图 2-10 所示。

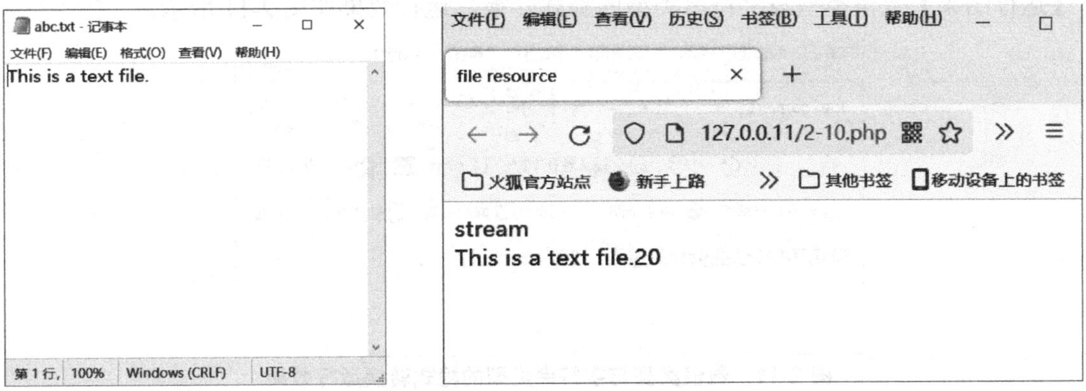

（a）　　　　　　　　（b）

图 2-10　读取文件资源类型运行效果

2. NULL（空值）

空值，顾名思义就是没有为该变量设置任何值。特殊的 NULL 值表示一个变量没有值，它不区分大小写，NULL 类型唯一可能的值就是 NULL。

在下列情况中，一个变量被认为是 NULL：

- 被赋值为 NULL；
- 尚未被赋值；
- 被 unset()。

【注意】 unset()函数的作用就是从内存中删除变量。

2.2.3　数据类型转换

PHP 是弱类型语言，虽然很多时候不会注意到数据类型，但是当数据类型不符合逻辑时，PHP 会自动转换数据类型或者通过转换函数对数据类型进行转换。PHP 中的类型转换跟 C 语言类似，可以在变量前面用“()”将变量名括起来。

PHP 中的类型转换可以通过以下两种方式来实现。

（1）隐式转换：就是指自动类型转换。

（2）显式转换：也叫强制类型转换。在需要转换类型的变量前加上用“()”括起来的数据类型名称或使用 settype( )函数来实现。

1. 隐式转换

定义变量时不需指定数据类型，PHP 会根据具体引用变量的具体应用环境，将变量转换为合适的数据类型，隐式转换本质上改变了原有变量的内容，原有变量内容会被垃圾收集机制回收。

【实例 2-11】隐式转换示例。

设计一个 PHP 程序，实现数字类型自动转换成字符串类型。代码如下：

```
<?php
$str="PHP Web 页面";//定义一个变量 str,并将字符串"PHP Web 页面"赋给 str
$num=17;//将整数 17 赋值给 num
echo '隐式转换之后的 str 变量为：'.$str = $num;
?>
```

【运行结果】数值类型与字符串类型的隐式转换，运行效果如图 2-11 所示。

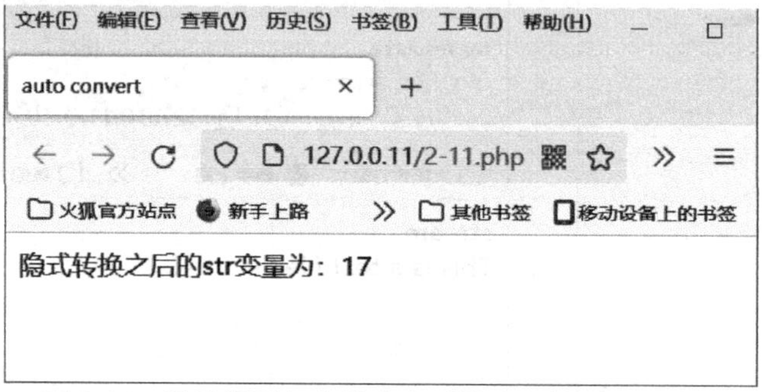

图 2-11 数值类型与字符串类型的隐式转换运行效果

2. 显式转换（表 2-2）

表 2-2 类型强制转换表

转换方式	描述	转换示例
(integer)	强制转换为整型	$b=(integer)$a;
(boolean)	强制转换为布尔型	$b=(boolean)$a;
(float),(double)	强制转换为浮点型	$b=(float)$a;$c=(double)$a;
(string)	强制转换为字符串	$b=(string)$a;
(array)	强制转换为数组	$b=(array)$a;
(object)	强制转换为数组	$b=(object)$a;

【注意】在转换数据类型过程中应注意：

- 转换 boolean 型时，NULL、0、未赋值的变量和数组会被转化为 false，其他为 true；
- 转换为整型时，bool 类型的 false 转为 0，bool 的 true 转为 1，浮点的小数被舍去，字符型如果是数字开头的，就截取到非数字位，否则转为 0。

此外，使用函数 settype()也可以改变原变量的类型，该函数可以将指定的变量转换成指定的数据类型。其用法如下：

```
bool settype(var,string type):
```

settype 函数中有两个参数，第一个参数表示要转换的变量名，第二个参数 type 表示要转换成什么数据类型，第二个参数 type 的可选值有“boolean、float、integer、array、null、object、 string”。如果转换成功，则返回为 true；如果转换失败，则返回为 false。

当字符串数据转换为整型或者浮点型时，如果字符串是数字开头的，先把数字转换为整型，再舍去后面的字符；如果数字中含有小数，会取到小数点前一位。

【实例 2-12】强制转换示例。

设计一个 PHP 页面，实现浮点类型对其他类型的强制转换，代码如下：

```
<?php
$a=90.78;//定义一个变量,赋值 90.78
$result = (int)$a;//把浮点变为整型
echo "<br>".$result. "<br>";
var_dump($result);
$result = (bool)$a;//把浮点变为布尔
echo "<br>".$result. "<br>";
echo "settype()转换函数结果:", settype ($result, "integer"). "<br>";
var_dump($result);
?>
```

【运行结果】数值类型显式转换的运行结果如图 2-12 所示。

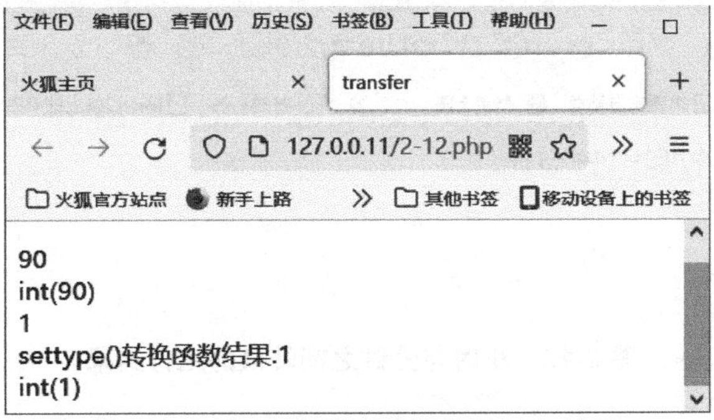

图 2-12　数值类型显式转换的运行结果

【注意】var_dump( ):该函数可以输出变量的内容、类型或字符串的内容、长度等，在程序调试时经常使用，如$a=2;var_dump($a)则输出 int(2)。

2.3　常量和变量

常量和变量是编程语言的最基础构成，代表了运算中所需要的各种值。通过变量和常量程序才能对各种值进行访问和运算。

2.3.1　常量

常量可以理解为值不变的量。常量在使用前必须先定义，并且只能是标量值（布尔、整数、浮点数、字符串型）。常量值被定义后，在整个脚本执行期间不改变，作用域为脚本全局，即一旦定义了一个常量，整个程序都会有效。一般常量名由英文字母和下划线开头，后面可以跟任何字母、数字或下划线，数字不能作为首字母出现。

常量

1. 定义常量

PHP 中预定义常量有时不能满足程序员的需求，PHP 允许用户自行定义常量，自定义常量的结构如下：

```
define ('name',number):
```

第一个参数表示常量名，第二个参数表示赋予常量的值，该值可以是数值，也可以是字符串。

【实例 2-13】利用常量实现小时与分钟之间转换。

将 60 赋予一个常量 HOUR，完成小时与分钟之间的转换，代码如下：

```
<?php
define('HOUR',60);  //定义常量 HOUR
$a=24;  //定义一变量赋值为 24 小时
echo $a.'小时='.(HOUR*$a)."分钟";
?>
```

【运行结果】小时与分钟之间转换的运行结果如图 2-13 所示。

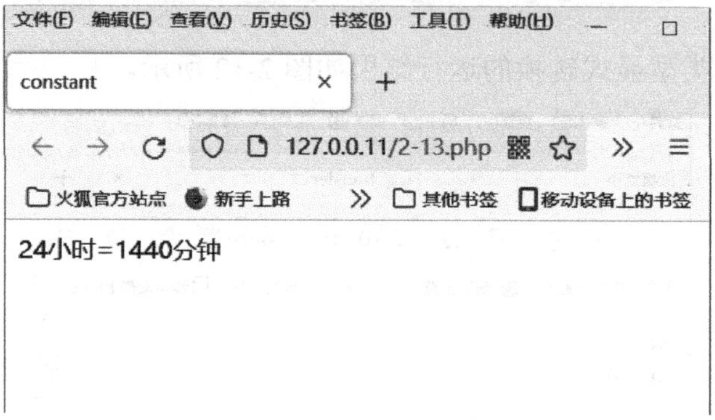

图 2-13 小时与分钟之间转换的运行结果

2. 系统默认常量

在 PHP 中，可以使用系统默认常量获取信息。常用的系统默认常量如表 2-3 所示。

表 2-3 系统默认常量表

常量名	功能说明
__FILE__	默认常量，文件的完整路径和文件名
__LINE__	默认常量，PHP 程序当前行数
__FUNCTION__	函数名称
PHP_VERSION	内置常量，PHP 程序的版本，如 7.3.0
PHP_OS	内置常量，执行 PHP 解析器的操作系统名称，如 Windows
TRUE	该常量是真值（true）
FALSE	该常量是伪值（false）
E_ERROR	该常量指到最近的错误处
E_WARNING	该常量指到最近的警告处
E_PARSE	该常量指到解析语法有潜在问题处
E_NOTICE	该常量为发生不寻常但不一定是错误处的提示，例如存取一个不存在的变量

【实例 2-14】利用系统默认常量查看本机操作系统和 PHP 版本等信息。

通过系统默认常量 PHP_OS 和 PHP_VERSION，查看当前操作系统和使用的 PHP 版本，代码如下：

```
<?php
echo '<br>你的操作系统为:'.PHP_OS;
echo '<br>你使用的 PHP 版本为:'.PHP_VERSION;//输出 PHP 版本
echo '<br>你的 PHP 程序文件:'.__FILE__;//输出脚本文件
echo '<br>运行 PHP 程序的行数:'.__LINE__;//运行脚本的行数
?>
```

【运行结果】系统默认常量运行结果如图 2-14 所示。

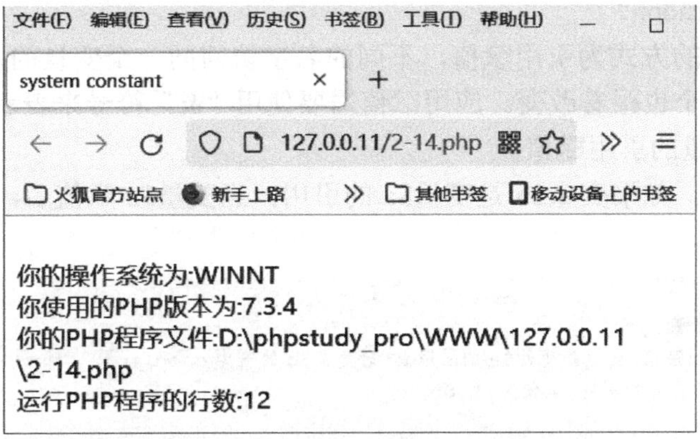

图 2-14 系统默认常量运行结果

【注意】“_ _FILE_ _”和“_ _LINE_ _”中的_ _表示两条下划线，而不是一条。

2.3.2 变量

变量

变量是一类在程序运行过程中，其值在程序内能够根据编程者需要发生改变的数据，任何一种编程语言都需要变量。从变量的字面意思可以理解为其值是可以改变的，即在不同时段内代表不同的实体。

1. 变量的命名规则

在 PHP 中，变量采用美元符号“$”加变量名的方式来定义：

```
$num = 20;
```

PHP 对变量名的长度没有任何限制，变量名中可包含数字和字母等字符，但需满足以下规则：

- 变量名区分大小写；
- 变量名必须以美元符号“$”开始；
- 变量名必须以字母或下划线“_”开头，不能以数字字符开头；
- 变量名只能包含字母和数字字符，以及下划线；
- 变量名不能包含空格。如果变量名由多个单词组成，则应使用下划线进行分隔，如“$s_name”；或者以大写字母开头，如“$S_name”。

【注意】PHP 中有些标识符是系统定义的，叫关键字。与其他编程语言不同的是，PHP 允许使用关键字作为变量名，但是这样容易混淆，最好不要用。在命名变量时，最好使变量名具有一定的意义，能够见名知义，这样不仅有利于阅读源代码，也有利于对变量名的引用。

2. 变量的赋值

变量的赋值除了直接赋值，还有两种方式可以为变量声明和赋值，一种是变量间的赋值。

【实例 2-15】 变量定义后，变量值通过赋值改变。

代码如下：

```
<?php
$a="good"; //声明变量 a,b
$b="morning";
$b="afternoon"; //改变变量 s2 的值
echo $b;
?>
```

【运行结果】afternoon。

另一种变量赋值的方式为引用赋值，不同的名字访问同一个变量的内容，当改变其中一个变量的值时，另一个也跟着改变。应用赋值需要使用“&”符号来表示引用。

【实例 2-16】 变量的引用赋值。

变量的引用赋值，如果变量$b 是变量$a 的引用，当变量$a 赋值后，变量$b 会跟随$a 变化，代码如下：

```
<?php
$a="good";  //声明变量 i,j
$b=&$a;  //使用了引用赋值,变量是变量$a 的引用,这时变量$b 的值为 good
echo "<br>变量 b 是变量 a 的引用,其值为:".$b;
$b="morning";
echo "<br>a 变量值改变后 b 变量的值为:".$b;
?>
```

【运行结果】变量 b 是变量 a 的引用，其值为 good。

a 变量值改变后 b 变量的值为 morning。

2.3.3 变量的作用域

在 PHP 中的任何位置都可以声明变量，但是，声明变量的位置决定了访问变量的范围，这个可以访问的范围又称为变量的作用域。如果变量超出了作用域，就失去了作用。

按照变量作用域的不同，可以将 PHP 中的变量分为局部变量、全局变量和静态变量。

局部变量：在函数内部声明的变量，其作用域就是所在的函数内。它保存在内存的栈中，速度很快。

全局变量：在所有函数外声明的变量，其作用域是整个 PHP 文件，但在用户自定义函数内部则不可用。如果要在用户自定义函数内部使用某个全局变量，就要使用 global 关键字声明该全局变量。

静态变量：是一种特殊的局部变量，只存在于函数作用域内，也就是说，静态变量只存活在栈中。一般的函数内变量，在函数调用结束后其存储的数据值即被清除，所占的内存空间也被释放；但是静态变量却不会，它能够在函数调用结束后仍保留变量值，当再次回到其作用域时，又可以继续使用原来的值。把关键字 static 放在要定义的变量前，该变量就变为静态变量了。

【实例 2-17】 局部变量、全局变量及静态变量的作用范围示例。

代码如下：

```
<?php
$x=10;
```

```
$y=20;
function zyy1()
{global $y;
static $z=0;
$z+=1;
$x=50;
$y=100;
echo "在函数内输出局部变量$x 的内容是:$x.<br> ";   //局部变量 x 作用域在函数体内起作用
echo "在函数内输出全局变量$y 的内容是:$y.<br> ";   //全局变量 y 作用域在程序运行全过程起作用
echo "在调用 2 次 zyy1 函数输出静态变量$z 的内容是:".$z."<br> "; //静态变量 z 函数调用结束后仍保留变量值
}
zyy1();
zyy1();
echo "在函数外输出局部变量$x 的内容是:".$x."<br>";
echo "在函数外输出全局变量$y 的内容是:".$y."<br> ";
?>
```

【运行结果】变量作用范围效果如图 2-15 所示。

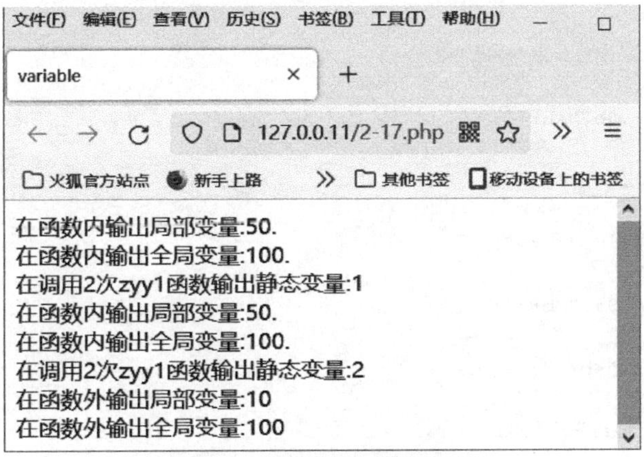

图 2-15　变量作用范围效果

【实例解析】由实例 2-17 运行效果可看出局部变量$x 作用域只在 zyy1()函数范围内，当 zyy1()函数对局部变量$x 赋的值在函数外则无效；全局变量$y 虽在 zyy1()函数内定义和赋值，但其值在函数外仍然有效；静态变量$z 在 zyy1()函数内初始化和赋值，调用 2 次 zyy1()函数后，完成 2 次自加运算，其值由 0 变成 2，可见静态变量 z 函数调用结束后仍保留变量值。

2.4　运算符

运算符是一个特殊符号，它对一个值或一组值执行一个指定的操作，来产生另一个值。PHP 中包含算术运算符、比较运算符、赋值运算符、逻辑运算符、位运算符、字符串运算符等。

2.4.1　赋值运算符

赋值运算符是 PHP 语言常用的一种运算符。基本的赋值运算符就是最常见的“=”，但此时并非为“等于”，它执行的操作就是将等号右边的值赋给左边的变量。赋值运算是一个一元运算符。常见赋值运算符如表 2-4 所示。

表 2-4　赋值运算符

运算符	说明	示例	展开式
=	赋值	$a=6	$a=6
+	加	$a+=6	$a=$a+6
-	减	$a-=6	$a=$a-6
*	乘	$a*=6	$a=$a*6
/=	除	$a/=6	$a=$a/6
%=	取余数	$a%=6	$a=$a%6
.	连接字符串	$a.="6"	$a=$a."6"

【实例 2-18】多种赋值运算符的应用。

代码如下：

```
<?php
$a=3;
$b=23;
echo "初始化变量 a 为".$a.",b 为".$b."<br>";
$b/=$a;
echo '$b/=$a 的结果：'.$b."<br>";
$b%=$a;
echo '$b%=$a 的结果：'.$b."<br>";
$b-=1;
echo '$b-=$1 的结果：'.$b."<br>";
$a+=$b;
echo '$a+=$b 的结果：'.$a."<br>";
$a= "Hello";
echo "修改变量 a 为".$a."<br>";
$a.= "World!";
echo '$a.=\'World!\'的结果：'.$a;
?>
```

【运行结果】多种赋值运算符应用的运行效果如图 2-16 所示。

图 2-16　多种赋值运算符应用运行效果

2.4.2　算术运算符

PHP 中也可以实现数据运算，通用的算术运算符如表 2-5 所示。

表 2-5 算术运算符

示例	名称	描述
-$x	取反	$x 的负值
$x+$y	加法	$x 和$y 的和
$x-$y	减法	$x 和$y 的差
$x*$y	乘法	$x 和$y 的积
$x/$y	除法	$x 除以$y 的商
$x%$y	取模	$x 除以$y 的余数
++$x	先加	$x 的值加 1，然后返回$x
$x++	后加	返回$x，然后将$x 的值加 1
--$x	先减	$x 的值减 1，然后返回$x
$x--	后减	返回$x，然后将$x 的值减 1

【实例 2-19】 编写 PHP 程序，分别使用多种算术运算符进行运算。

代码如下：

```
<?php
$a=-260; //声明变量$a
$b=800;//声明变量$b
$c=40; //声明变量$c
echo "\$a= ".$a.","; //输出变量
echo "\$b= ".$b.",";
echo "\$c= ".$c."<p>";
echo "\$a + \$b = ".($a+ $b)."<br>"; //计算变量$a 加$b 的值
echo "\$a - \$b = ".($a-$b)."<br> "; //计算变量$a 减$b 的值
echo "\$a *\$b=".($a*$b)."<br>"; //计算$a 乘$b 值
echo "\$a /\$b= ".($a/$b)."<br>"; //计算$a 除以$b 的值
echo "\$a % \$c=".($a%$c)."<br>"; //计算$a 和$b 的余数,被除数为-300
echo "\$a++= ".$a++."<br>";//对变量$a 进行后置递增运算
echo "运算后\$a 的值为:".$a."<br>";
echo "\$b--= ".$b--."<br>"; //对变量$b 进行后置递减运算
echo "运算后\$b 的值为:".$b."<br>";
echo "++\$c =".++$c."<br>"; //对变量$c 进行前置递增运算
echo"运算后\$c 的值为: ".$c;
?>
```

【运行结果】 用多种算术运算符进行运算的运行效果如图 2-17 所示。

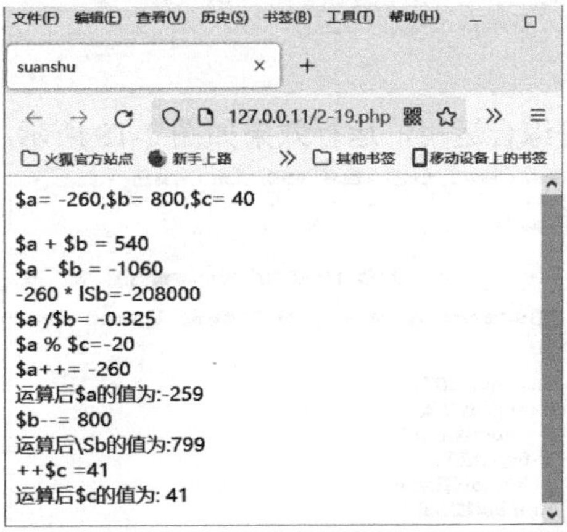

图 2-17 用多种算术运算符进行运算的运行效果

2.4.3 比较运算符

比较运算符允许对两个值进行比较，其比较的结果为布尔值 true 或 false。通用的比较运算符如表 2-6 所示。

表 2-6 比较运算符

示例	名称	描述
$x==$y	等于	true，如果类型转换后$x 等于$y
$x===$y	全等	true，如果$x 等于$y，并且它们的类型相同
$x!=$y	不等	true，如果类型转换后$x 不等于
$x<>$y	不等	true，如果类型转换后$x 不等于
$x!==$y	不全等	true，如果$x 不等于$y，或者它们的类型不同
$x<$y	小于	true，如果$x 严格小于$y
$x>$y	大于	true，如果$x 严格大于$y
$x<=$y	小于等于	true，如果$x 小于或者等于$y
$x>=$y	大于等于	true，如果$x 大于或者等于$y

【实例 2-20】比较运算符综合运用，代码如下：

```
<?php
$n=12;
$m=10;
$a=12;
$b="12";
//输出比较运算运行结果,运算结果为 true,则输出为 1,运算结果为 false,则没有输出 echo "<br/>n>m 运算结果:";
echo $n>$m;
echo "<br>n<m 运算结果:";
echo $n<$m;
echo "<br>n>=m 运算结果:";
echo $n>=$m;
echo " <br>n<=m 运算结果:";
echo $n<=$m;
echo "<br>a-=mb 运算结果:";
echo $a==$b;
echo "<br/>a!-b 运算结果:";
echo $a!=$b;
echo "<br/>a===mb 运算结果:";
echo $a===$b;
echo "<br/>a !-mb 运算结果:";
echo $a!==$b;
?>
```

【运行结果】比较运算符综合运用，运行效果如图 2-18 所示。

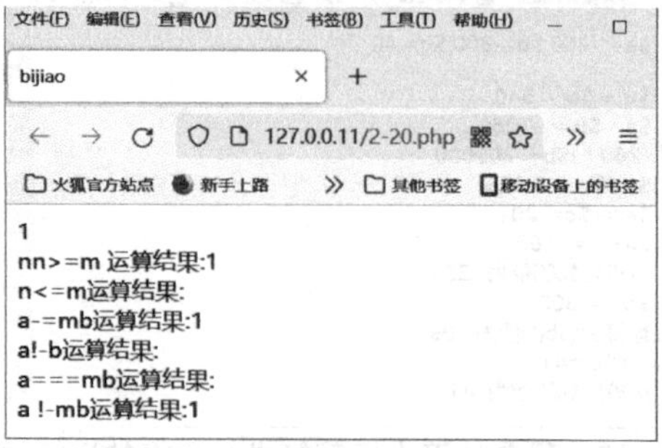

图 2-18 比较运算符的运行效果

2.4.4　位运算符

PHP 语言中有一种运算叫作位运算。位运算就是对二进制数从低位到高位对其后的值进行运算。在 PHP 中，常见的位运算符如表 2-7 所示。

表 2-7　位运算符

操作符	描述	示例
&	按位与	$a&$b
|	按位或	$a\|$b
^	按位异或	$a^$b
～	按位取反	$b～$a
<<	向左移动	$b<<$a
>>	向右移动	$b>>$a

【实例 2-21】位运算符的应用。

代码如下：

```
<?php
$a=6;  //6 的二进制代码是 110
$b=5;  //5 的二进制代码是 101
echo '$a&$b='.($a&$b).'<br>';  //运算结果为二进制代码 100，即 4
echo '$a|$b='.($a|$b).'<br>';  //运算结果为二进制代码 111，即 7
echo '$a^$b='.($a^$b).'<br>';  //运算结果为二进制代码 011，即 3
echo '~$a='.~$a.'<br>';  //运算结果为-7
?>
```

【运行结果】位运算符的应用，运行效果如图 2-19 所示。

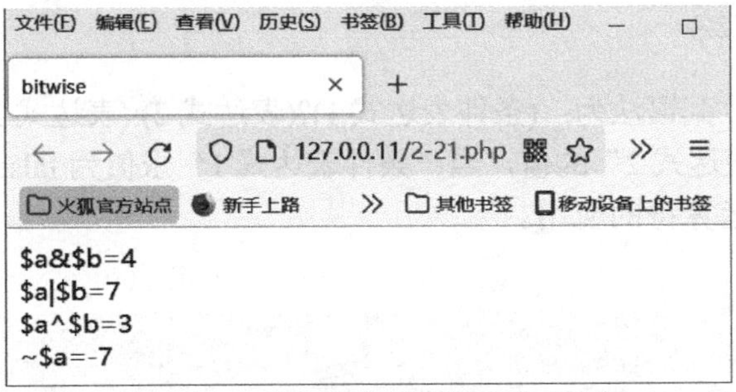

图 2-19　位运算符的应用运行效果

2.4.5　字符串运算符

PHP 中只有一个字符串运算符——英文的句号“.”。其作用是将两个字符串或字符串与任何标量数据连接起来，组成一个新的字符串。前面的【实例 2-19】中曾用到过该运算符，请读者参考该实例。

2.4.6　逻辑运算符

逻辑运算符用于组合布尔型数据，是程序设计中不可缺少的一组运算符。常见的逻辑运算符如表 2-8 所示。

表 2-8 逻辑运算符

运算符	描述
and 或&&	逻辑与，$a and $b 或$a && $b，如果$a 和$b 都为 true，则返回 true
or 或 ||	逻辑或，$a or $b 或$a||$b，如果$a 或$b 任一为 true，则返回 true
xor	逻辑异或，$a xor $b，如果$a 或$b 任一为 true，但不同时是，则返回 true
!	逻辑非，!$a，如果$a 不为 true，则返回 true

【实例 2-22】逻辑运算综合应用。

代码如下：

```
<?php
$i=true;
$j=false;
if($i&&$j){echo "<br>两个条件都为真,与运算就为真";}
if($i||$j){echo"<br>只要有一个条件为真,或运算就为真";}
if(!$i){echo "<br>只要 i 变量为假,其取反值为真";}
if(!$j){echo "<br>只要 j 变量为假,其取反值为真";}
?>
```

【运行结果】逻辑运算综合应用，运行效果如图 2-20 所示。

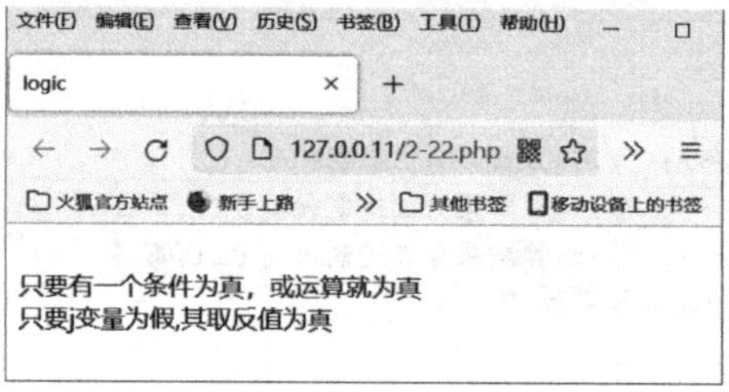

图 2-20 逻辑运算综合应用运行效果

2.4.7 条件运算符

条件运算符是“?:”，其语法为：(条件表达式 1)?(表达式 2):(表达式 3)。当“条件表达式 1”求值为 true 时的值为“表达式 2”的值，当“条件表达式 1”求值为 false 时的值为“表达式 3”。

【实例 2-23】条件运算符的应用。

代码如下：

```
<?php
$a = 72 ;
$c =$a>=60?"恭喜成绩及格! ":"成绩不及格,需努力! ";
echo $c;
?>
```

【运行结果】条件运算符应用，运行效果如图 2-21 所示。

图 2-21 条件运算符应用运行效果

2.4.8 运算符优先级

当在一条语句中出现多个运算符时，先计算哪个运算符，后计算哪个运算符，需要根据运算符的优先级来判定。这就类似于数学的四则运算所遵循的“先乘除，后加减”的道理。

PHP 中运算符的优先级与 C、C++和 Java 语言差不多，大致是算术运算符优先于比较运算符，比较运算符优先于赋值运算符，赋值运算符优先于逻辑运算符。在比较复杂的表达式中，可以使用“( )”来强制提高运算符的优先级。运算符优先级如表 2-9 所示。

表 2-9 运算符优先级

运算符	优先级
()	高 ↑
!，~，++，	
*，/，%	
+，-，.	
<，<=，>，>=，<>	
==，!=，===，!==	
&	
^，|	
&&，||	
?：	
=，+=，-=，*=，/=，.=，%=	
and，xor，or	低

2.5 流程控制结构

PHP 程序都是由语句构成的，计算机通过执行这些语句来完成特定的功能。一般情况下，程序执行都是从第一条语句开始的，按顺序逐条执行到最后一条语句，但可利用逻辑结构，来控制程序的执行顺序，这就是程序的流程控制。

程序流程控制有 3 种结构，分别为顺序控制结构、条件控制结构和循环控制结构，通过这 3 种控制结构，可以改变程序的执行顺序。

2.5.1 条件控制结构

1. if 语句

if 语句是最简单的条件判定语句，它对某段程序的执行附加一个条件，如果条件成立，就执行这段程序，否则就跳过这段程序去执行下面的程序。

if 语句

```
if 语句的格式如下：
if(表达式)
    语句 1;
```

如果“表达式”的值为 true，那么就顺序执行“语句 1”；否则，就跳过该条语句再往下执行。如果需要执行的语句不止一条，那么可以使用“{ }”。在“{ }”中的语句，被称为语句块，格式如下：

```
if(表达式){
    语句1;
    语句2;
    …
}
```

if语句流程图如图2-22所示。

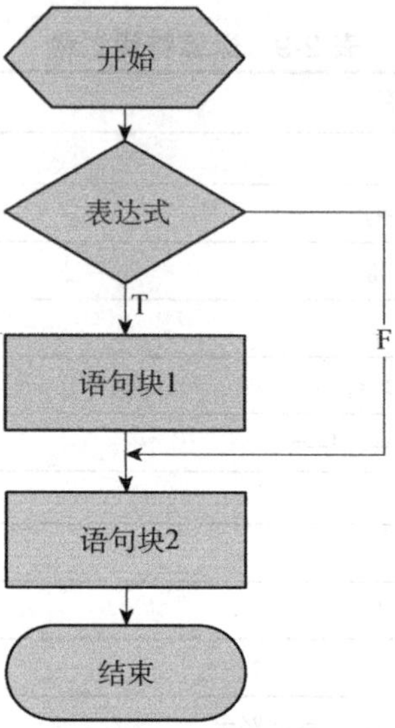

图2-22　if语句流程图

【实例2-24】判断一个数是否为奇数。

代码如下：

```
<?php
$a =rand();  //使用rand()函数生成一个随机数
if ($a % 2 == 1){  //判断变量$a是否为奇数
echo "\$a= $a";      //如果为奇数,输出表达式和说明文字
echo "<br>\$a是奇数。";
}
?>
```

【运行结果】判断一个数是否为奇数的运行效果如图2-23所示。

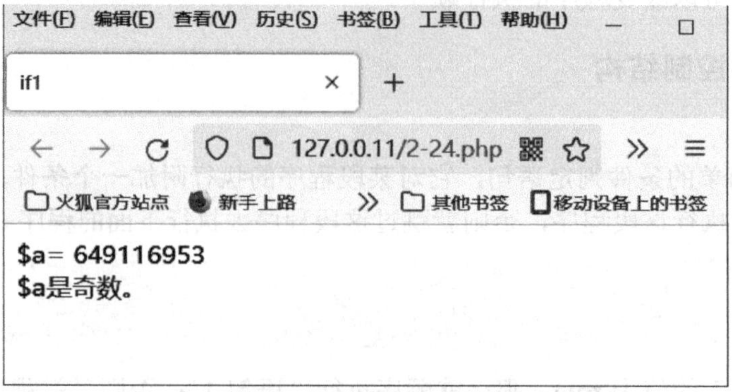

图2-23　判断一个数是否为奇数的运行效果

2. if…else 语句

当需要在满足某个条件时执行一条语句，而不满足该条件时执行其他语句，可以使用 else。else 延伸了 if 语句，可以在 if 语句中的表达式值为 false 时执行语句。语法格式如下：

```
if(表达式){
    语句 1;
}else{
    语句 2;
}
```

如果表达式的值为 true，那么就顺序执行“语句 1”；否则，就执行“语句 2”。if…else 语句流程图如图 2-24 所示。

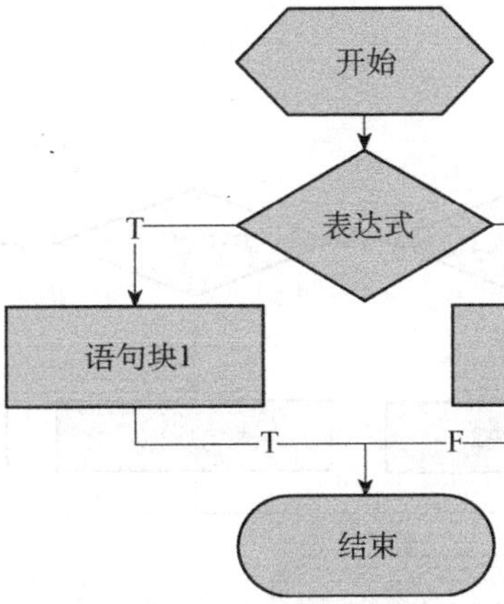

图 2-24　if…else 语句流程图

【实例 2-25】判断一个数是奇数还是偶数。

代码如下：

```
<?php
$a =rand();  //使用 rand(函数生成一个随机数
if ($a % 2 == 1){  //判断变量$a 是奇数还是偶数
echo "\$a= $a";      //如果为奇数，输出表达式和说明文字
echo "<br>\$a 是奇数。";
}else{
echo "\$a= $a";      //如果为偶数，输出表达式和说明文字
echo "<br>\$a 是偶数。";
}
?>
```

【运行结果】判断一个数是奇数还是偶数，运行效果如图 2-25 所示。

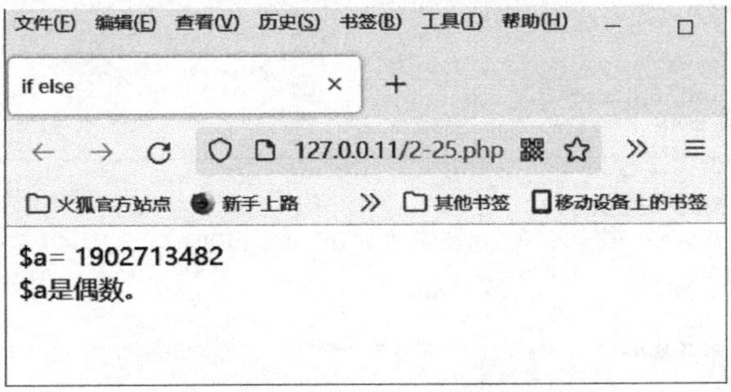

图 2-25　判断一个数是奇数还是偶数的运行结果

```
elseif 语句
```

当需要同时判断多个条件时，可以使用 elseif 语句来扩展需求。elseif 通常在 if 和 else 语句之间。该语法如下所示：

```
if(表达式){
   语句 1;
}elseif{
   语句 2;
}…
else{
   语句 n;
}
```

elseif 语句流程图如图 2-26 所示：

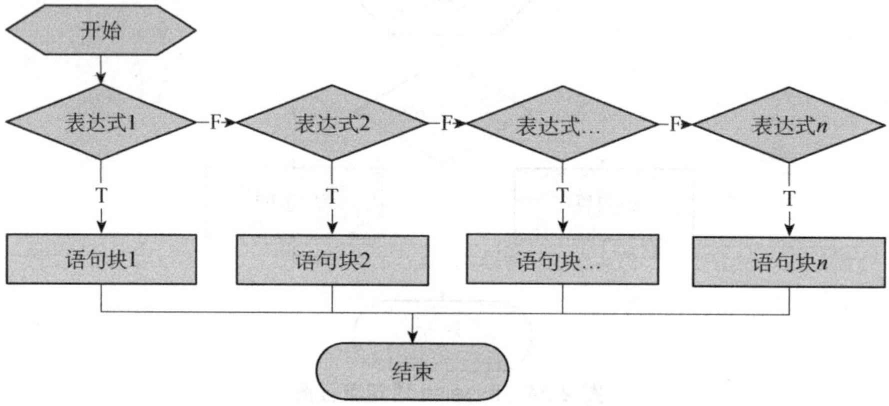

图 2-26　elseif 语句流程图

【实例 2-26】 判断学生成绩，如果大于 90 则输出“成绩为优”；80～90 则输出“成绩为良”；70～80 则输出“成绩为中”；60～70 则输出“成绩为及格”；小于 60，则输出“成绩为不及格”；不在 0～100，则输出“成绩有误”。

【实例分析】 数字如果在 0～100，成绩是有效的，如果是 90～100，则输出“成绩为优”，80～90 则输出“成绩为良”……如果不在 0～100，则输出“成绩有误”。代码如下：

```
<?php
$score=67;  //设置成绩的有效范围 0~100
if($score>0and $score<100){   //成绩在 90~100
   if($score>=90 and $score<100){
   echo $score."成绩为优";
   }      //成绩在 80~90
   elseif($score>=80 and $score<90){
   echo $score."成绩为良";
   }      //成绩在 70~80
   elseif($score>=70 and $score<80){
   echo $score ."成绩为中";
   }      //成绩在 60~70
   elseif($score>=60 and $score<70){
   echo $score."成绩为及格";
   }      //成绩在 0~60
   else{
   echo $score."成绩为不及格";
   }
```

```
}
else{
echo"成绩有误";
}
?>
```

【运行结果】判断学生成绩所在范围的运行效果如图 2-27 所示。

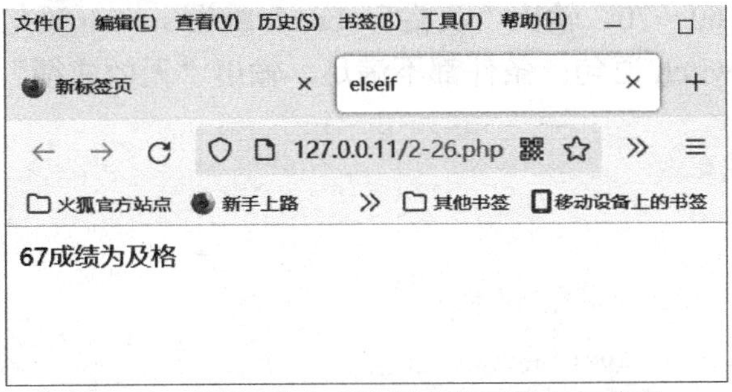

图 2-27 判断学生成绩所在范围的运行效果

3. switch 语句

switch 语句和具有同样表达式的一系列 if 语句相似，很多场合下需要把同一个变量（或表达式）与很多不同的值进行比较，并根据比较结果来执行不同的代码。

switch 语句

switch 语句的语法如下：

```
switch(表达式){
case 表达式 1:
语句 1;break;
case 表达式 2:
语句 2;break;
case 表达式 3:
语句 3;break;
…
default:
语句 n;
}
```

switch 语句流程图如图 2-28 所示。

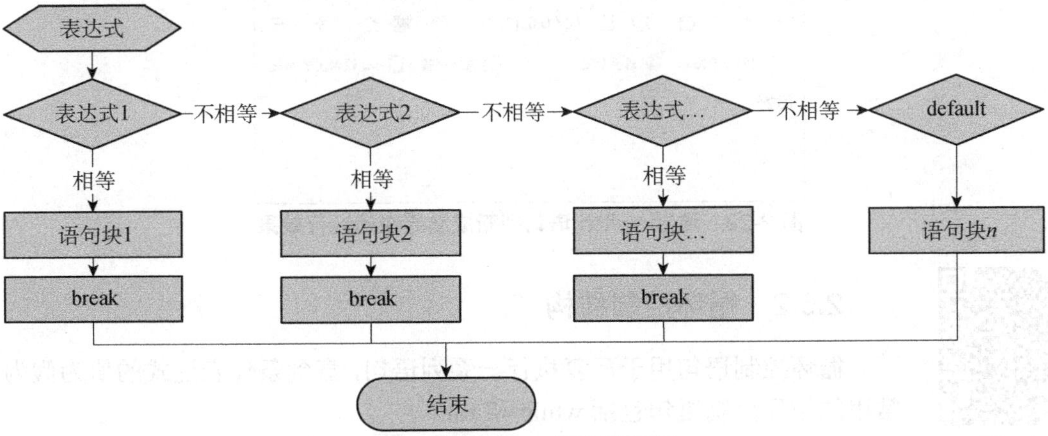

图 2-28 switch 语句流程图

【实例 2-27】通过 switch 语句判断成绩等级。

代码如下：

【实例分析】代码“switch($score)”通过$score 变量来判断，如果成绩为 100，则输出“满分”，break 跳出 switch 语句；成绩在 90～100，输出“优秀”，break 跳出 switch 语句；成绩在 80～90，则输出“良好”，break 跳出 switch 语句；成绩在 70～80，输出“中等”，break 跳出 switch 语句；成绩在 60～70，输出“及格”，break 跳出 switch 语句；成绩在 0～60，输出“不及格”，break 跳出 switch 语句；条件都不满足，输出“无效成绩”。

```
<?php
$score=84; //定义成绩变量
switch($score){
case $score==100:
echo"满分";
break;
case $score>=90 and $score<100:
echo"优秀";
break;
case $score>=80 and $score<90:
echo"良好";
break;
case $score>=70 and $score<80:
echo"中等";
break;
case $score>=60 and $score<70:
echo"及格";
break;
case $score>=0and $score<60:
echo"不及格";
break;
default:
echo "无效成绩";
}
?>
```

【运行结果】通过 switch 语句判断成绩等级，运行效果如图 2-29 所示。

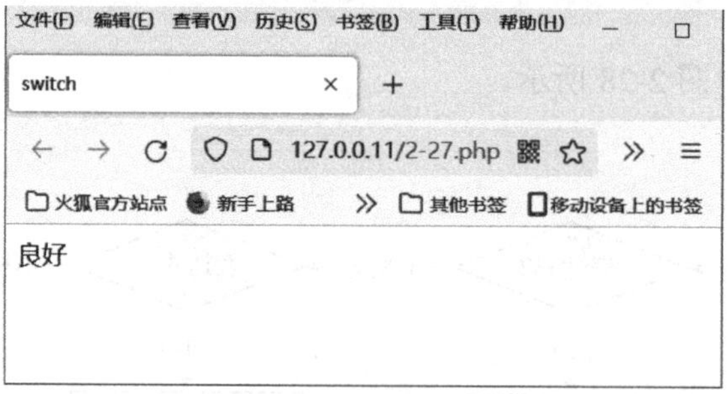

图 2-29　通过 switch 语句判断成绩等级的运行效果

while 循环

2.5.2　循环控制结构

循环控制语句用于反复执行一系列语句，直到条件表达式的值为假为止。常用的循环控制语句包括 while 和 for。

1. while 循环

while 循环是 PHP 中最简单的循环类型。其语法如下：

```
while(表达式)
循环体语句;
```

当循环体语句有多条时，要用大括号括起来。其执行流程是先判断表达式的值，如果为真（true），则执行循环体语句；执行完后程序流程继续判断表达式的值，如果为真，继续执行；如此循环执行，直到表达式的值为假（false）为止。如果 while 表达式的值一开始就为假，则循环语句一次都不会执行。

【实例 2-28】使用 while 循环计算 1+2+…+10 的累加和。

代码如下：

```
<?php
$i=1;
$sum=0;
$str="";
while($i<=10){   //while 条件判断加数变量$i 是否超过 10
$sum+=$i;    //把加数变量$i 累加至求和变量$sum 中
if($i<10){
    $str.=$i."+";}  //当累加到 9 时,给变量$str 循环连接 "+" 和$i 的字符串
else{
    $str.=$i."=";}  //当累加到 10 时,给变量$str 连接$i 和 "=" 的字符串
$i++;  //加数变量$i 自加
}
echo $str.$sum;
?>
```

【运行结果】使用 while 循环计算 1+2+…+10 的累加和，运行效果如图 2-30 所示。

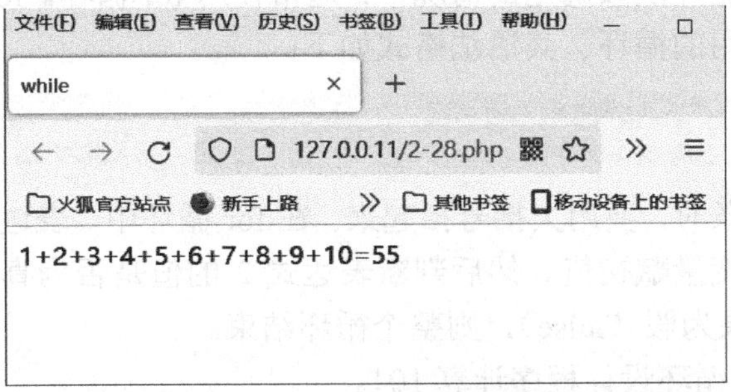

图 2-30　计算 1+2+…+10 的累加和的运行效果

2. do…while 循环

do…while 语句也是循环控制语句中的一种，使用方法与 while 语句相似，通过判断表达式来运行循环体。其语法如下：

do…while 循环

```
do{
语句块;}
while(表达式);
```

当循环体语句有多条时，要用大括号括起来。do…while 与 while 的区别在于，do…while 语句的流程是先执行一遍循环体语句，后判断表达式的值。如果表达式的值第一次就为 false，do…while 循环也会至少执行一次循环体语句。

【实例 2-29】用 do…while 循环设计程序，使输出 50 以内的偶数。

代码如下：

```
<?php
$i=1;
do{
if($i%2==0){
    echo $i." ";}  //当$i 被 2 整除,输出$i
$i++;              //每次循环$i 自加 1 次
}while($i<=50);    //当$i 小于等于 50 时,一直循环
echo $str.$sum;
?>
```

【运行结果】用 do…while 循环设计程序，要求输出 50 以内的偶数，运行效果如图 2-31 所示。

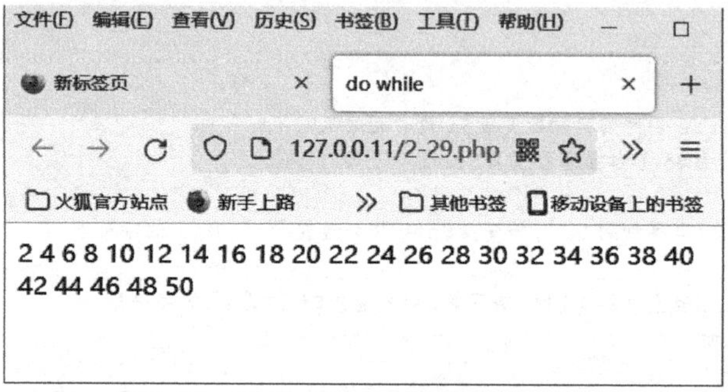

图 2-31 输出 50 以内的偶数运行效果

for 循环

3. for 循环

在循环次数确定的情况下，通常使用 for 循环。for 循环是 PHP 中较复杂且较常用的循环。其语法格式如下：

```
for(表达式 1;表达式 2;表达式 3)
语句;
```

当循环体语句有多条时，要用大括号括起来。在 for 循环中，表达式 1 在循环开始时无条件地执行，对循环控制变量赋初值。然后判断表达式 2 的值是否为真，如果为真（true），则继续执行表达式 3；如果为假（false），则整个循环结束。

【实例 2-30】用 for 循环设计程序计算 10!。

代码如下：

```
<?php
$i=1;
do{
if($i%2==0){
    echo $i." ";}  //当$i 被 2 整除,输出$i
$i++;              //每次循环$i 自加 1 次
}while($i<50);     //当$i 小于 50 时,一直循环
echo $str.$sum;
?>
```

【运行结果】用 for 循环设计程序输出 10!，运行效果如图 2-32 所示。

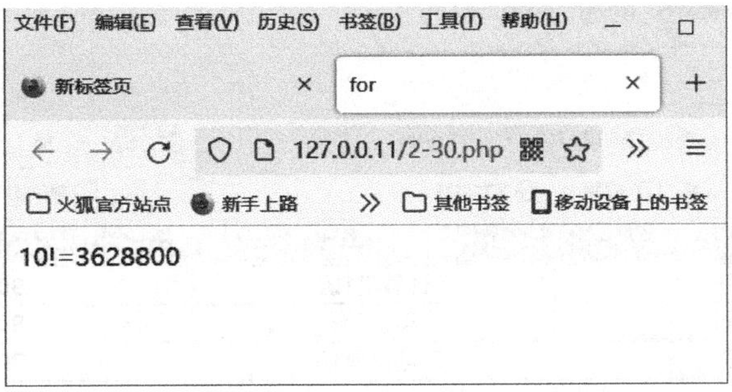

图 2-32　用 for 循环设计程序输出 10！的运行结果

4. foreach 循环

foreach 循环

foreach 循环主要用于处理数组，通过遍历数组完成对数组元素的访问。PHP5 也可以支持对象，该语句的语法结构如下：

```
foreach(数组表达式 as $value){
语句块;
}
或
foreach(数组表达式 as &key=>$value){
语句块;
}
```

foreach 语句将遍历数组，每次循环时将当前数组元素中的值赋给$valuc，如果是第二种方式，则将当前数组元素的值赋给$key，直至数组元素的最后一个值。foreach 循环结束时，数组指针将自动被重置，不需要手动设置指针位置。

【实例 2-31】用 foreach 循环设计程序，读取数组元素，输出学生信息（姓名、班级、成绩），代码如下：

```
<?php
$s_name = array("1"=>"小张","2"=>"小刘","3"=>"小关"); //初始化数组元素
$s_class= array("1"=>"计算机 1 班","2"=>"英语 2 班","3"=>"市场营销 1 班");
$s_grade= array("1"=>90,"2"=>80,"3"=>70);
echo '<table align="center" width="716" border="1" cellpadding="1" cellspacing="1"  bordercolor=
"#FFFFFF" bgcolor="#00CCFF">
    <tr>
      <td width="120" align="center" bgcolor="#00CCFF">姓名</td>
      <td width="120" align="center" bgcolor="#00CCFF">班级</td>
      <td width="120" align="center" bgcolor="#00CCFF">成绩</td>
    </tr>';        //输出 HTML 表格结构
foreach($s_name as $key=>$value){//用 foreach 遍历$s_name、$s_class 和$s_grade 元素
      echo '<tr>
      <td width="120" align="center" bgcolor="#FFFFFF">'.$value.'</td>
      <td width="120" align="center" bgcolor="#FFFFFF">'.$s_class[$key].'</td>
      <td width="120" align="center" bgcolor="#FFFFFF">'.$s_grade[$key].'</td>
  </tr>';
}
echo '</table>';
?>
```

【运行结果】用 foreach 循环设计程序，读取并输出学生信息数组元素，运行效果如图 2-33 所示。

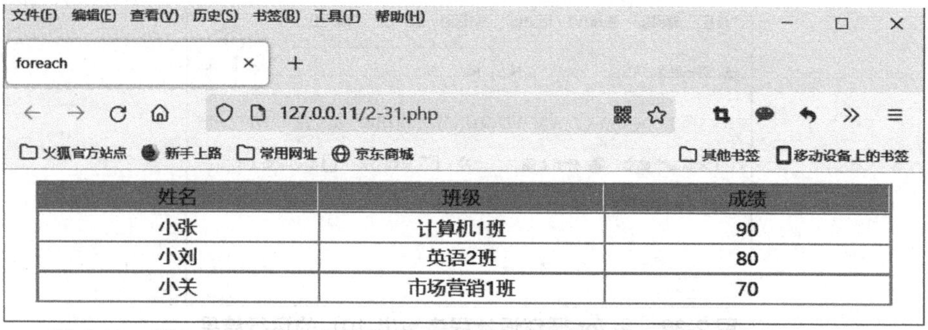

图 2-33　用 foreach 循环设计程序，读取并输出学生信息数组元素的运行结果

2.5.3　跳转语句

PHP 循环中，经常会遇到需要中止循环的情况。处理方式主要用到 break 和 continue 两个流程控制指令。通过这两个语句可以增强编程的灵活性，提高编程效率。

1. break 语句

break 语句用于结束当前循环。对于没有设置循环条件的循环语句，可以在任意位置加入 break 语句来结束循环。在多层循环嵌套的语句中，break 可以接受一个可选的数字参数“n”，来决定跳出几重循环。

【实例 2-32】用 break 语句跳出循环。

代码如下：

```
<?php
for($i=5;$i>=1;$i--){
    if($i<3) //如果 i<3,则使用 break 退出 for 循环
    break;
    for($j=$i;$j>1;$j--)
    {   if($j<3)  //双重循环 if($j<3)
        break 1;      //如果 j<3 则退出第二层 for 循环,这里 break 1 表示退出。
        echo "$j*$i=".$j*$i." ";
    }
    echo "<br>";
}
?>
```

【运行结果】用 break 语句跳出循环，运行效果如图 2-34 所示。

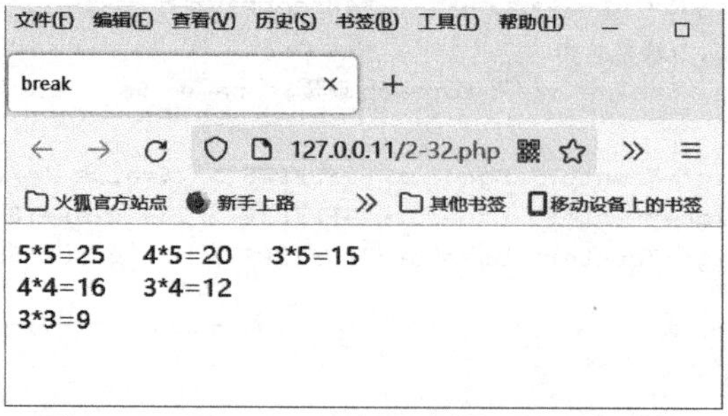

图 2-34　用 break 语句跳出循环的运行效果

2. continue 语句

与 break 语句在指定条件下终止语句的执行不同，continue 语句用于跳过在指定条件下的

某次循环的执行，其他循环语句仍旧继续执行。continue 还可接受一个可选的数字参数来决定跳过几重循环到循环结尾。

【实例 2-33】 利用 continue 语句控制输出 50 以内的偶数。

代码如下：

```
<?php
$i=0;
do{
$i++;
if($i%2!=0){
continue;
}
  echo $i."  ";  //当$i 被 2 整除,输出$i
                 //每次循环$i 自加 1 次
}while($i<=50);  //当$i 小于等于 50 时,一直循环
echo $str.$sum;
?>
```

【运行结果】利用 continue 语句控制输出 50 以内的偶数，运行效果如图 2-35 所示。

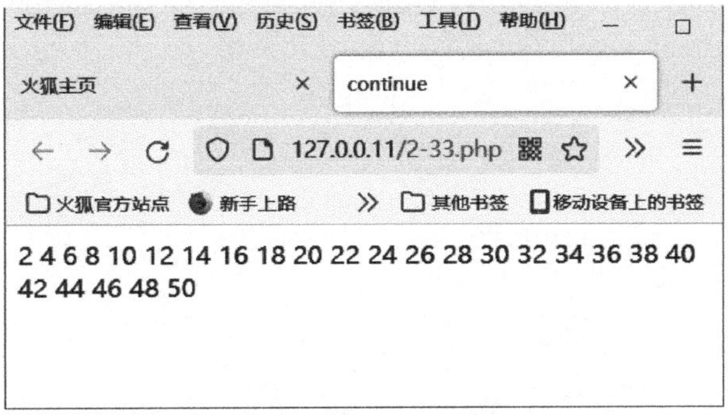

图 2-35　输出 50 以内的偶数运行效果

小　结

本章主要介绍了 PHP 语言的基本语法、数据类型、常量、变量、运算符和表达式、顺序结构、选择结构、循环结构，并详细介绍了各种数据类型之间的转换和各种运算符的运算，并在实际案例中运用这三种结构的形式进行详细讲解，通过掌握 PHP 语法基础，灵活应用顺序结构、选择结构、循环结构来实现各种算法，设计出相应的程序。基础知识是一门语言的核心，读者应重点掌握本章知识，对后续 PHP 相关章节的学习具有重要的铺垫作用。

上机习题

1. 编写一段程序，使用条件运算对指定整数进行判断，看其是否为偶数，并根据判断结果输出相应的内容。

2. 编写一段程序，运用 switch 语句实现学生成绩分挡输出，要求：随意给出一个成绩，判断该成绩是优秀、良好、合格还是不合格，具体规则如下。

将学生成绩分为 4 个级别：优秀、良好、合格和不合格，给出一个成绩，即可输出该成绩的级别。

```
成绩>=90:优秀;
90>成绩>=80:良好;
80>成绩>=60:合格;
成绩<60: 不合格。
```

3. 求 846、823、486 这三个数的百位数、十位数、个位数的________？

第 3 章

PHP 函数

在日常开发中，如果有一个功能或者一段代码要经常使用，就可以把它写成自定义函数，在需要时进行调用。除了自定义函数，PHP 还提供了庞大的函数库，有几千种内置函数，可以直接使用来轻松实现相应的功能。在程序中调用函数的目的是减轻编程的负担，减少代码量和提高效率，达到增加代码重用性，避免重复开发的目的。函数分为系统内部函数和用户自定义函数两种。

3.1 自定义函数

在程序开发过程中，经常需要重复某种操作或处理，如数据查询、字符操作等。这些重复和独立的操作可以使用函数来实现。PHP 函数主要分为自定义函数和内置函数。

3.1.1 函数的定义、调用及返回值

函数的定义

1. 函数的定义

在编写函数时，首先要明白编写这个函数想要实现的功能，这样编写起来才具有逻辑性。在 PHP 中可以自定义函数来实现某些功能，除了自定义函数，PHP 本身也提供了一些内置函数，对于这些内置函数要学会其功能和使用方法。

在 PHP 中声明一个函数的语法格式：

```
function 函数名([参数 1],[参数 2]….){
函数体;
return 返回值;
}
```

【参数说明】

function：声明自定义函数时必须使用的关键字。

函数名：自定义函数的名称。

参数：函数的参数。

函数体：自定义函数的主体，是功能的实现部分。

return 返回值：函数的返回值语句，并不是所有函数都需要该语句。函数执行到该语句即结束，所以不要在其后写任何代码。

当函数被定义后，所要做的就是调用这个函数。调用函数的操作十分简单，只需要引用函数名称并赋予正确的参数即可。

函数声明方式有以下几种。

- 方式一：声明时不带参数。

```
function 函数名(){
函数体;
return 返回值;
}
```

- 方式二：声明时可以没有返回值。

```
function 函数名([参数1,参数2...]){
函数体;
}
```

- 方式三：声明时可以不带参数也不带返回值。

```
function 函数名(){
函数体;
}
```

2. 调用函数

函数只有在被调用时才会执行，页面加载时不会立即执行。定义函数后还必须调用该函数，在需要使用函数体功能的情况下进行调用函数。调用函数是通过函数名和参数列表进行的，调用函数后就开始执行函数体中的代码，执行完毕返回到调用的位置继续执行。

函数调用注意事项：

- 通过函数名称调用函数，并让函数体的代码运行，调用几次函数就会执行几次函数。
- 如果函数有参数，还可以通过函数名后面的“()”传入对应的参数，函数体使用这些参数来改变函数内部代码进行执行。

下面通过一个实例来了解一下函数的定义和调用。

【实例 3-1】编写函数计算圆的面积。

代码如下：

```
<?php
function circle_area($r){//声明圆面积计算的自定义函数
$area=3.14*$r*$r;//计算圆面积并向变量$area赋值
return $area;  //返回圆的面积变量$area
}
echo '半径为4的圆的面积='.circle_area(4)."<br>";  //调用圆面积计算函数circle_area( )
?>
```

【运行结果】圆的面积自定义函数运行效果如图3-1所示。

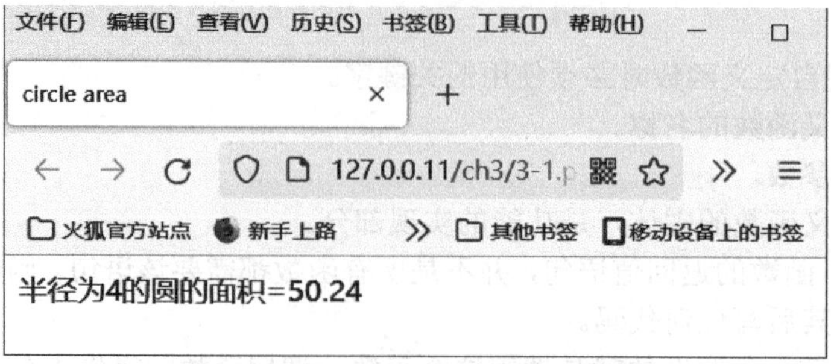

图 3-1 圆的面积自定义函数运行效果

3. 函数的返回值

通常，函数在执行完毕后，可返回一个值给其调用者，该值称为函数的返回值，通过 return 语句来实现。

return 语句的作用是将函数值传递给函数调用者，并终止函数的执行。return 语句只能返回一个值，如果需要返回多个值，就要在函数中定义一个数组，将返回值存储在数组中；如果不需要返回任何值，而是结束函数的执行，可以只使用 return。

【实例 3-2】编写函数，判断页面输入的年份是否为闰年。

代码如下：

```
<?
echo '<form action="3-1.php" method="get">
年份: <input name="nian" type="text" >
<input type="submit" value="提交">
</form>';
$year=$_GET["nian"]; //获取表单提交文本框 nian 的值,并对变量$year 赋值
function is_runnian($year){ //闰年判断自定义函数
    if($year % 4 == 0 && $year % 100 != 0 || $year % 400 == 0)
    {
        return true; //如果是闰年,返回 true
    }else
    {
        return false; //如果不是闰年,返回 false
    }
}
if(is_runnian($year)){  //调用函数 is_runnian( ),并对返回结果进行判断
        echo $year.'是闰年。';
    }
    else{
        echo $year.'不是闰年。';
    }
?>
```

【运行结果】自定义函数判断页面输入的年份是否为闰年的运行效果如图 3-2 所示。

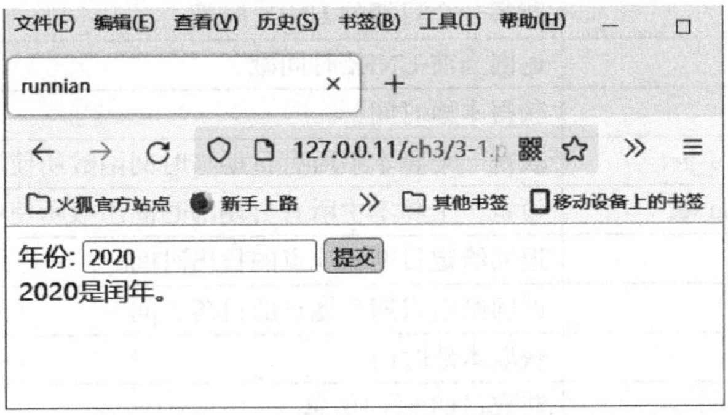

图 3-2 自定义函数判断页面输入的年份是否为闰年的运行效果

【注意】

- return 语句只能返回一个参数，也就是说，只能返回一个值，不能一次返回多个值。如果要返回多个结果，就要在函数中定义一个数组，将返回值存储在数组中返回。
- 函数中的每个参数都是一个表达式，定义时称为形参，调用时输入的实际值称为实参。实参和形参应该个数相等，类型一致。形参和实参按顺序对应传递数据。

● 通过函数名进行调用，可以在函数声明之前，也可以在声明之后进行调用。
● 当函数有返回值时，在函数执行完毕后，可以将函数名当作保存返回值的变量来使用。

3.1.2　函数的参数

函数中的参数列表由零个、一个或多个参数组成。每一个参数是一个表达式，用逗号隔开。对于带参数的函数，在 PHP 脚本程序中和被调用函数之间有数据传递关系。定义函数时，函数名后面括号内的表达式称为形式参数，简称形参，函数被调用后其后面括号中的表达式称为实际参数，简称实参。实参与形参之间需要按对应顺序来传递参数。如果函数没有参数，则函数执行的任务就是固定的。用户在调用函数时，不能改变函数内部的执行行为。

如果函数使用了参数列表，函数参数的具体数值就会从函数外部获得，也就是用户在调用函数时，在函数体还没有执行之前，将一些数据通过函数的参数列表传递到函数内部，这样函数在执行时，就可以根据用户传递的数据来决定函数内部如何执行。

3.2　PHP 内置常用函数

除了用户自行编写的自定义函数，PHP 自身也提供了很多内置的函数。接下来我们一起来学习一些常用的 PHP 函数库内置函数。

内置函数

3.2.1　日期时间函数

对日期和时间的处理是 PHP 编程中不可缺少的应用。比如，获取服务器的日期、时间和时区，检查日期的有效性等。

常用的日期时间函数如表 3-1 所示。

表 3-1　常用的日期时间函数

函数名	函数功能描述
date	格式化本地时间和日期
mktime	获得一个日期的 UNIX 时间
time	返回当前 UNIX 时间戳
microtime	获得本地时间
date default_timezone_get	获得一个脚本中所有日期与时间函数所使用的默认时区
date default timezone set	设定一个脚本中所有日期与时间函数所使用的默认时区
date sunrise	返回给定日期和地点的日出时间
date_sunset	返回给定日期和地点的日落时间
localtime	获取本地时间
getdate	获取日期/时间信息

1. 格式化当前日期和时间 date()函数

date()函数用于格式化一个本地日期和时间。其语法格式如下：

```
string date ( string $format [, int $timestamp])
```

返回按照指定格式显示的时间字符串。参数 format 为显示格式，timestamp 为时间戳，是可选参数。如果没有给出时间戳，默认使用本地当前时间 time()。其中，format 的参数较多，必须由指定的字符构成，不同的字符代表不同的特殊含义，下面为 format 的参数格式化字符。

a："am"或"pm"；

A："AM"或"PM"；

B：网际网路时间样本；

d：几日，例如，"01"到"31"；

D：星期几，以 3 个英文字表示，例如，"Tus"；

F：几月，以英文全名表示，例如，"January"；

g：小时，12 小时制不足 2 位数不补 0，例如，"1"到"12"；

G：小时，24 小时制不足 2 位数不补 0，例如，"0"到"23"；

h：小时，12 小时制，例如，"01"到"12"；

H：小时，24 小时制，例如，"00"到"23"；

i：几分，例如，"00"到"59"；

I（大写'I'）："1"if Daylight Savings Time，"0" otherwise；

j：几日，不足 2 位数不补 0，例如，"1"到"31"；

l（小写的'L'）：几日，以英文全名表示，例如，"Friday"；

L：布林值，判断是否为闰年，例如，"0"或"1"；

m：几月，例如，"01"到"12"；

M：几月，以 3 个英文字表示，例如，"Jan"；

n：几月，不足 2 位数不补 0，例如，"1"到"12"；

s：几秒，例如，"01"到"59"；

S：以英文后 2 个字表示，例如，"th"，"nd"；

t：当月的天数，例如，"28"到"31"；

T：这个机器的时间区域设定，例如，"MDT"；

U：总秒数；

w：以数字表示星期几，例如，"0"到"6"；

Y：几年，以 4 位数表示，例如，"1999"；

y：几年，以 2 位数表示，例如，"99"；

z：年中的第几天，例如，"0"到"365"；

Z：在短时间内时间区域补偿（timezone offset），例如，"-43200"到"43200"。

【实例 3-3】使用 date()函数获取当前日期时间。

代码如下：

```
<?
echo "你好,现在是:".date("Y年m月d日H:i:s l")."<br> ";//输出当前年、月、日、时间、星期几
?>
```

【运行结果】使用 date()函数获取当前日期时间的运行效果如图 3-3 所示。

图 3-3 使用 date()函数获取当前日期时间的运行效果

【注意】全球分为 24 个时区，每个时区都有自己的本地时间，在网络和无线通信的时间里，时间的转换问题尤为突出。

PHP 默认的时区是 UTC 时间，而北京正好位于该时区的东八区，领先 UTC 时区 8 个小时。所以在 PHP 中使用 time()函数等获取的当前时间总是不正确的，总是和当前时间相差 8 个小时。如何修改为正确的北京时间呢?可以使用两种方法进行修改。

方法一：需要修改配置文件 php.ini 文件中的 date.timezone 的值。

方法二：可以使用 PHP 官方提供的专门设置时间的函数 date_default_timezone_set。

【实例 3-4】假如你在乌鲁木齐，使用 date_default_timezone_set 函数设置本地所在时区，并获取当前日期时间。

代码如下：

```
<?
echo "你好,现在是:".date("Y 年 m 月 d 日 H:i:s l")."<br> ";//输出当前年、月、日、时间
date_default_timezone_set("Asia/Urumqi");  //设置乌鲁木齐所在时区
echo "你好,本地现在是:".date("Y 年 m 月 d 日 H:i:s l")."<br> ";//输出当前年、月、日、时间
?>
```

【运行结果】设置本地时区获取当前日期时间的运行效果，如图 3-4 所示。

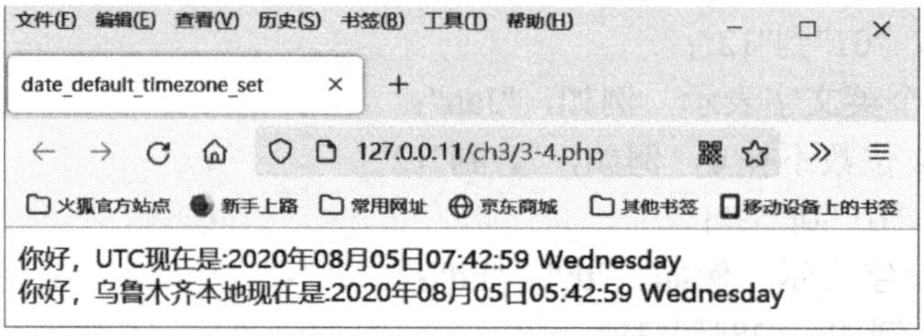

图 3-4　设置本地时区获取当前日期时间的运行效果

2. 获取日期时间信息 getdate()函数

getdate()函数是接收时间戳函数，并返回一个由其各部分组成的关联数组，该函数返回的各个部分都是基于当前日期和时间的数组。

格式：array getdate（[int $timestamp1）该函数共返回 8 个数组元素，数组键名和值如表 3-2 所示。

表 3-2　getdate 函数数组键名表

键名	说明	返回值
seconds	用数字表示的秒	0～59
minutes	用数字表示的分	0～59
hours	用数字表示的小时	0～23
mday	用数字表示月份中的第几天	1～31
wday	用数字表示星期几	0（星期天）～6（星期六）
mon	用数字表示的月份	1～12
year	用 4 位数字表示的完整年份	如 2016
yday	用数字表示的一年中的第几天	0～365
weekday	星期几的完整文本表示	Sunday 到 Saturday
month	月份的完整文本表示	January 到 December

【实例 3-5】利用 getdate()获取时间戳信息。

代码如下：

```
<?php
print_r(getdate();
?>
```

【运行结果】利用 getdate()获取时间戳信息的运行效果，如图 3-5 所示。

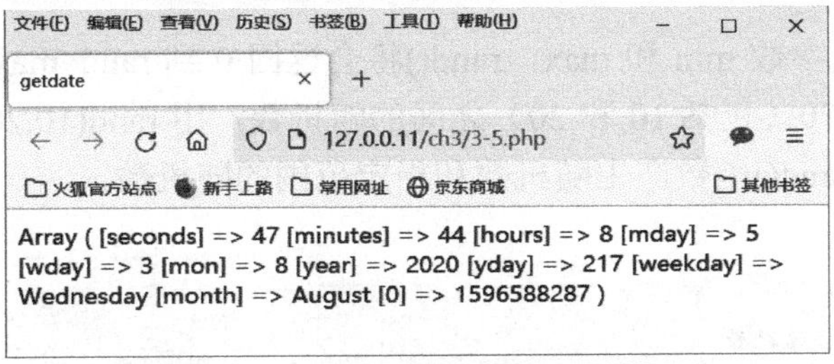

图 3-5 获取时间戳信息的运行效果

3.2.2 数学函数

数学函数有很多，主要用于处理程序中数值类型的数据。

1. 最大值函数 max()

max()函数用于返回参数中数值最大的值。其语法格式如下：

```
max (mixed $value1 , mixed $value2 [, mixed $...])
```

如果仅有一个参数且为数组，max()返回该数组中最大的值。如果第一个参数是整数、字符串或浮点数，则至少需要两个参数，max()会返回这些值中最大的一个。

2. 最小值函数 min()

min()函数用于返回参数中数值最小的值。其语法格式和用法与 max()函数相同。

【实例 3-6】使用 max()和 min( )函数获取一个数组数中最大数和最小数。

代码如下：

```
<?php
$arr1 = array(1,2,5,7,9);
    $max = max($arr1);
    $min = min($arr1);
    echo '数组中最大值：'.$max.'<br>';    //最大值 9
    echo '数组中最小值：'.$min.'<br>';    //最小值 1
?>
```

【运行结果】获取一个数组数中最大数和最小数的运行效果如图 3-6 所示。

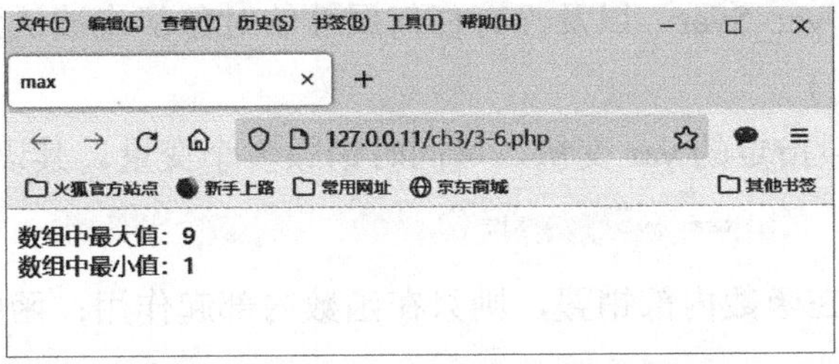

图 3-6 获取一个数组数中最大数和最小数的运行效果

【注意】PHP会将非数值的字符串当成0，但如果这正是最大的数值，则仍然会返回一个字符串。如果多个参数都求值为0且是最大值，max()会返回其中数值0，如果参数中没有数值0，则返回按字母表顺序最大的字符串。

3. 随机函数 rand()

rand()函数可返回随机整数。其语法格式如下：

```
int rand(int $min,int $max)
```

如果没有提供可选参数 min 和 max，rand()将会返回 0 到 rand_max 之间的伪随机整数。例如，想要得到 10 到 20（包括 10 和 20）之间的随机数，用 rand(10,20)。

【实例 3-7】利用 rand()函数产生随机数和指定范围的随机数。

代码如下：

```
<?php
$Num1 = rand();// 生成随机数
echo "rand(): ".$Num1.'<br>';//输出
$Num2 = rand(50,80);//在一个范围内生成随机数
echo "rand(50,80): ".$Num2;//输出
?>
```

【运行结果】用 rand()函数产生随机数和指定范围的随机数，运行效果如图 3-7 所示。

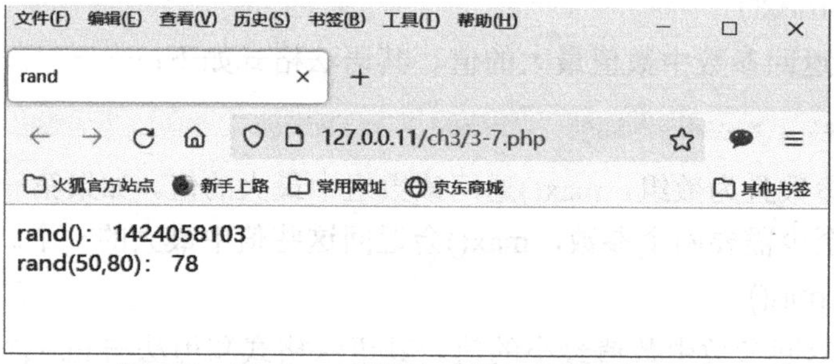

图 3-7 用 rand()函数产生随机数的运行效果

3.2.3 变量函数

变量函数

使用变量相关的函数，可以方便地实现变量的检测和类型转换等。

1. 检测变量是否为空 empty( )

empty( )函数用于测试变量是否已经配置。其语法格式如下：

```
bool empty(mixed $var)
```

若变量 var 是非空字符串或非零，则返回 false，否则返回 true。一般来说，""、0、"O"、NULL、false、array( )、var_$var，以及没有任何属性的对象都将被认为是空的。

2. 释放变量 unset( )

unset()函数用于销毁指定的 var 变量，可同时销毁多个变量。其语法格式如下：

```
void unset(mixed $var[, mixed $var[,…]])
```

对于全局变量，若在函数内部销毁，则只在函数内部起作用；函数调用结束后，全局变量依然存在且有效。

3. 检测变量是否存在 isset( )

isset( )函数用于检测变量 var 是否已经设置。其语法格式如下：

```
bool isset(mixed $var[ mixed $var [⋯])
```

如果变量存在则返回 true，否则返回 false。当使用该函数测试一个被设置为 NULL 的变量时，将返回 false。

【实例 3-8】变量函数测试变量内容是否存在。

代码如下：

```
<?php
$a="good";
$b = 0;
echo var_dump(empty($a))."<br>";  // $a 的值非空字符串,返回结果为 false
echo "<br>".var_dump(empty($b));  // $b 的值为零,返回结果为 true
echo "<hr>";
var_dump(isset($a));  // $a 变量存在,返回结果为 true
echo "<br>";
var_dump(isset($b));  // $b 变量存在,返回结果为 true
unset ($a);  // 销毁$a 变量
echo "<br>";
echo "<hr>";
var_dump(isset($a));  //销毁$a 变量,$a 变量不存在,返回结果为 false
?>
```

【运行结果】用变量函数测试变量内容是否存在，运行效果如图 3-8 所示。

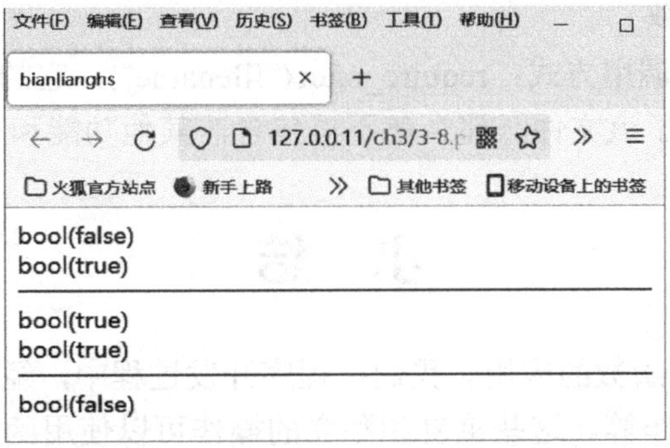

图 3-8 用变量函数测试变量内容是否存在的运行效果

3.2.4 文件系统函数

文件包含的函数主要有 include()、require()、include_once()、require_once()，下面学习它们的用法。

1. include()函数

include()文件包含函数，调用的格式为 include（"/path/to/filename"）。说明 include()函数将在它被调用的地方包含参数所指定的文件，其效果和将某个文件的内容复制在 include()出现的地方一样。使用 include()时，括号可以忽略，如 include"/path/to/filename"。

使用 if⋯else⋯条件语句来判断是否 include 某个文件时有一个怪现象。代码如下：

```
<?php
if(expression)
include(" /path/to/filename");
```

```
else
include ( "/path/to/anotherfilename");
?>
```

上面这段代码运行时可能出错。出错的原因是 include()函数只是将文件内容复制到出现该 include()函数的地方，如果文件中包含多行 PHP 语句而没有使用}组成代码块，那整个 if…else…的逻辑就乱了。

所以代码需要纠正，纠正的代码如下。这样就能保证文件在整个代码块里了。

```
<?php
if(expression){
include(" /path/to/filename");
}
else{
include(" / path/to/anotherfilename");
}
?>
```

2. require( )函数

require( )函数的调用方式：require("filename")。它的功能与 includc()函数是一样的，无论 require）出现在程序的什么位置，它都能将文件包含进来。

3. include_once( )函数

include_once( )函数的调用方式：include_once("filename")。该函数只包含一次该文件，如果上下文中已经包含过了该文件，那么就不再包含。

4. require_once( )函数

require_once( )函数的调用方式：require_once("filename")，它的功能只包含一次该文件，如果上下文中已经包含过了该文件，那么就不再包含，其他功能和 require( )一样。

小　结

本章主要介绍了 PHP 函数的应用。我们在程序开发过程中，经常需要重复某种操作或处理，如数据查询、字符操作等。这些重复和独立的操作可以使用函数来实现。了解如何定义函数和调用函数，掌握函数一般由函数名、参数、函数体和返回值 4 部分组成。函数体是实现函数功能的代码段，它可以是任何有效的 PHP 代码。了解 PHP 语言中使用频率较高的内置函数，主要包括日期时间函数、数学函数、变量相关的函数等。

上机习题

1. 编写一个判断一个数是否为素数的函数，如果是素数返回 true，否则返回 false。

2. 编写一个判断一个数是否为偶数的函数，并通过调用该函数计算 1～50 之间偶数的累加和。

3. 编写一个程序，要求自定义一个计算圆柱体表面积的函数，要求采用 PHP 页面文本框获取圆柱体半径和高，并调用计算圆柱体表面积函数，实现计算结果输出。

第 4 章 数组和字符串

4.1 数　组

在实际应用中，经常会需要保存大量相同类型的数据，使用普通变量的方法非常不方便，那么如何解决这样的问题呢?可以使用 PHP 数组。数组是对大量数据进行有效组织和管理的手段之一，通过数组的强大功能，可以对大量数据类型相同的数据进行存储、排序、遍历、删除、插入等操作，从而可以有效地提高程序开发效率及改善程序代码。接下来我们学习数组的相关知识。

在表 4-1 中有 3 条记录，每条数据中有 3 列信息，在程序中如何使用这些数据呢?如果按一个数据一个变量来定义，那么要定义 9 个变量，如果该表中有 100 条记录，那么则需要定义 300 个变量，显然这种做法是不现实的。这不仅在声明变量时需要大量的时间，也会直接带来烦琐的代码，导致有大量冗余的代码。如何解决这个问题?可以使用复合数据类型来声明表 4-1 中的数据。我们将多个相互关联的数据组织成一个集合，可以把每一条数据定义成一个一维数组，也可以将这个表中的所有数据定义成一个二维数组，实现一个表中的数据使用一个变量来声明的目的。同时，我们可以使用双重循环将二维表中的每个数据都遍历出来，以用户定义的形式输出到浏览器中，形成如表 4-1 所示的学生成绩表。

表 4-1　学生成绩表

姓名	班级	成绩
小张	计算机 1 班	90
小刘	英语 2 班	80
小关	市场营销 1 班	70

数组由一系列有序的变量组成，每个变量都有编号，形成一个可操作的整体。数组中的每个变量称为一个元素。每个元素由一个特殊的标识符来区分，该标识符称为键（也称为下标）。数组中的元素包括索引（键名）和值两部分。可以通过键值来获取相应数组元素，这些键可以是数值键或关联键。

4.1.1 数组的定义和初始化

数组的定义和初始化

在 PHP 中，定义（声明）数组的方式主要有两种：一种是使用“[]”标识符，即直接为数组元素赋值，另一种是应用 array()函数。

1. 直接赋值的方式

语法格式如下：

```
$数组名[索引值]=元素值;
```

其中的索引值（下标）可以是整数或字符串；元素值可以为任何数据类型，若数组元素仍然为数组，则构成多维数组。

在 PHP 中，数组的大小是没有限制的，所以在数组初始化的同时就可以对数组进行声明，在数组变量名中通过“[]”再使用数字索引值（下标）声明的是索引数组，使用字符串索引值（下标）声明的是关联数组。

例如，一个学生名单，可以通过直接赋值方式对数组进行初始化和赋值。

```
$Stu_name[0]='张三';
$Stu_name[1]='李四';
$Stu_name[2]='王五';
```

我们用直接赋值方式逐个对$Stu_name 数组元素赋值，通过索引值定位不同的数组单元，保存不同的学生姓名，实现对$Stu_name 数组定义和赋值。

【实例 4-1】一维数组直接赋值方式综合运用。

代码如下：

```
<?php
$names[0] = "小刘"; //使用数字下标方式定义数组
$names[1] = "小王";
$names[2] = "小张";
echo $names[0]." 与 ".$names[1]." 还有 ".$names[2]."都是同班同学! <hr>";
$age["小刘"] = 20;
$age["小王"] = 21;
$age["小张"] = 22;
print_r($age);   //使用 print_r()函数打印数组变量$age 中的元素和下标
echo "<hr>";
$book[]="php 程序设计";
$book[]="大学语文";
$book[]="高等数学";
var_dump($book);   //使用 var_dump()函数打印数组变量$book 中的元素和下标
echo "<hr>";
$My_array=array();
$My_array[]="www"; //不带下标定义数组
$My_array[]="helpphp";
$My_array[]="cn";
echo "网址是: http://".$My_array[0].".".$My_array[1].".".$My_array[2];
?>
```

【运行结果】一维数组直接赋值方式综合应用，运行效果如图 4-1 所示。

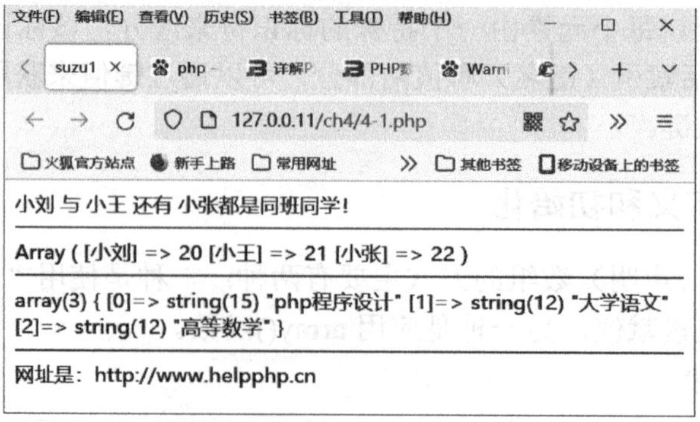

图 4-1　一维数组直接赋值方式综合应用的运行效果

【注意】

● 使用 print_r()函数打印输出结果时有元素下标和值，而使用 var_dump()函数打印输出结果时，有数组元素下标、元素数据类型和值。

● 不带下标声明数组，其索引值自动为 0、1、2、3、4、5、6、7。采用这种简单的赋值方式，可以非常简便地初始化索引值为连续递增的索引数组。PHP 中，索引下标也可以是非连续的值，只要在初始化时指定非连续的下标值即可。

● 没有指定索引值的元素与指定索引值的元素混在一起赋值，没有指定的索引值的元素为默认索引值，紧跟在指定索引值元素的最高的索引值后依次递增。

2. 使用 array()函数声明数组

声明数组的另一种方法就是使用 array()函数来新建一个数组，创建关联数组时，采用 key=>value 键值对，用逗号进行分割，语法格式如下：

```
$a=array(值1,值2,值3...); //创建索引数组
$b=array(key1=>value1, key2=>value2, key3=>value-....., keyn=>valuen); //创建关联数组
```

其中，key 是数组元素的"键"或者"下标"，可以是整型或者字符串型数据，如果是浮点数，将被转换为整数。value 是数组元素的值，可以是任何类型的数据。若数组元素为数组时，将构成多维数组。[key=>]是可以省略的部分，默认为索引数组，索引值从 0 开始。

【实例 4-2】 使用 array()函数创建书籍信息数组并对其赋值，再将数组元素输出。

代码如下：

```
<?php
$a=array("PHP程序设计","电子工业出版社","韦小宝","2019年10月","isbn20191023671");//使用 array()
关联索引数组,方法一
$b=array("书名"=>"数据库基础",
"出版社"=>"电子工业出版社",
"主编"=>"张三丰","出版时间"=>"2020年10月",
"书号"=>"isbn20201023671");   //使用 array()关联索引数组,方法二
echo '<hr>输出书籍数组变量$a<hr>';
print_r($a);
echo '<hr>输出书籍数组变量$b<hr>';
print_r($b);
?>
```

【运行结果】array()函数创建书籍信息数组，运行效果如图 4-2 所示。

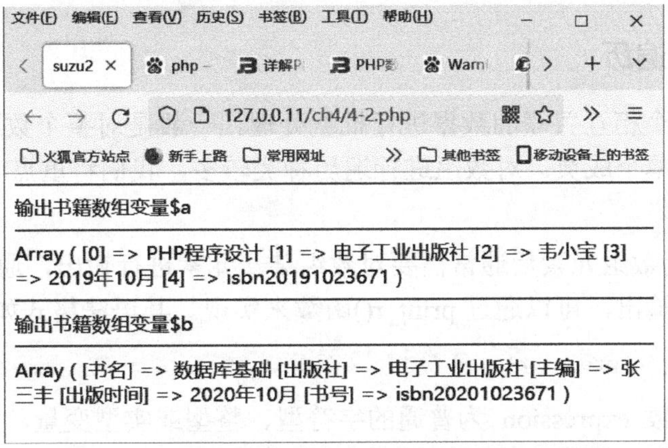

图 4-2 array()函数创建书籍信息数组的运行效果

二维数组

【注意】使用 array()函数定义索引数组，默认的索引值从 0 开始，依次递增。使用 array()函数定义关联数组，就必须使用“=>”符号，数组元素用“,”相隔。

3. 二维数组

数组是用来存储一系列变量值的命名区域，所以数组可以存储 PHP 支持的各种类型的数据，也包括在数组中存储数组类型的数据。如果数组中的元素仍为一个数组，就构成了包含数组的数组，即二维数组。

二维数组的声明与一维数组的声明是一致的，只是将数组的每个元素声明成一个一维的数组，也可以直接为数组元素赋值和使用 array( )函数进行声明。

【实例 4-3】编写程序，使用 array( )函数创建二维数组，保存 2 个专业和每个专业的课程，遍历这个二维数组，将遍历结果输出到网页上。

代码如下：

```
<?php
$major=array(
"计算机信息管理"=>array("C 语言程序设计","数据库应用","PHP 程序设计"), //二维数组声明
"市场营销"=>array("企业管理实务","市场营销","市场调查基础"));
foreach($major as $key=>$value)   //双重循环对二维数组$major 进行遍历
{echo $key.":";
echo "<br>";
for($i=0;$i<count($value);$i++)  //对二维数组下的一维数组进行遍历
echo $value[$i].",";
echo "<hr>";
}
```

【运行效果】二维数组数组声明及数组元素输出，运行效果如图 4-3 所示。

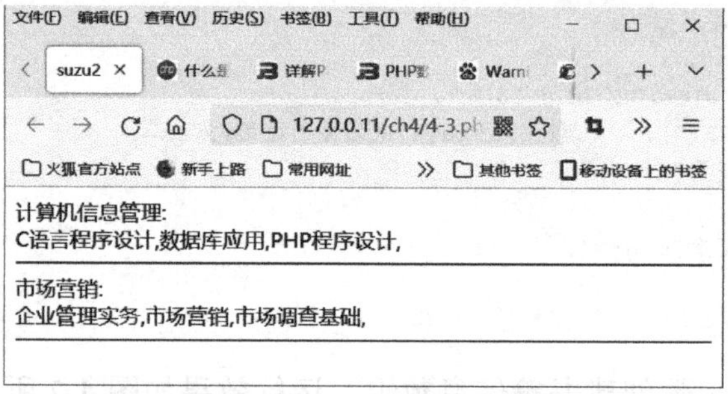

图 4-3 二维数组数组声明及数组元素输出的运行效果

4.1.2 数组的遍历

数组主要是对多个相互关联的数据进行批量处理，一般是对整个数组进行统一管理，很少直接访问数组中的单个成员。对数组进行遍历种类较多，我们将重点学习以下遍历方式。

1. 数组的输出

在 PHP 中，遍历数组元素后通常需要对数组某一元素进行输出，通常使用 echo 和 print 语句；要将数组结构输出，可以通过 print_r()函数来实现。其语法格式如下：

```
bool print_r(mixed $expression)
```

如果该函数的参数 expression 为普通的字符型、整型或实型变量，则直接输出该变量；如果该参数为数组，则按键值和元素的顺序输出数组中的所有元素，如实例 4-2 中便使用该

函数输出了数组。

2. foreach 循环遍历数组

PHP4 以上版本引入了 foreach 结构，foreach 是专门为遍历数组而设计的语句，是用于遍历数组中数据的较为简单有效的方法。foreach 循环只能用于数组和对象。使用 foreach 数组与下标无关，不管是否连续的数字索引还是关联的字符串下标索引，都可以使用 foreach 语句来遍历数组。

foreach 循环遍历数组

foreach( )有以下两种用法：

```
foreach(array _name as $value ){   //第一种用法
statement;
}
```

此处的 array name 是所要遍历的数组名，每次循环中，array_name 数组的当前元素的值被赋给$value，并且数组内部的下标向下移一步，直至数组末尾。

```
foreach ( array _name as $key => $value){   //第二种用法
statement;
}
```

第二种方法与第一种方法的区别就是多了个$key，也就是除了把当前元素的值赋给$value，当前元素的键值也会在每次循环中被赋给变量$key。键值可以是下标值，也可以是字符串。比如 book[0]=1 中的“0”，book[id]="001"中的“id”。

【实例 4-4】 编写程序，使用 array( )函数创建一维数组，保存学生信息，并将遍历结果输出到网页上。

代码如下：

```
<?php
$j=array("0000001","张三",20,"计算机应用技术 1 班");   //定义一个一维数组
$i=0;
foreach ($j as $value){   //使用 foreach 第一种语法格式遍历数组
echo "第".++$i."元素的值:".$value."<hr>";
}
?>
```

【运行效果】一维数组遍历结果输出，运行效果如图 4-4 所示。

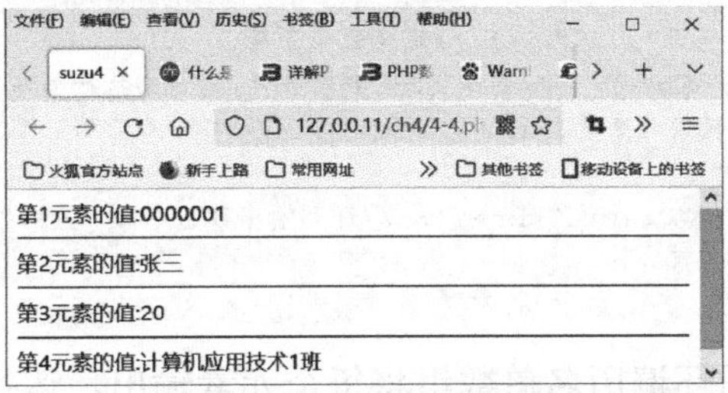

图 4-4 一维数组遍历结果输出的运行效果

【实例 4-5】 编写程序，使用 array( )函数创建二维数组，保存学生信息，并将遍历结果输出到网页上。

代码如下：

```
<?php
$a=array(
"1"=> array("姓名"=>"小张","班级"=>"计算机 1 班","成绩"=>90),
```

```
    "2"=> array("姓名"=>"小刘","班级"=>"英语 2 班","成绩"=>80),
    "3"=> array("姓名"=>"小关","班级"=>"市场营销 1 班","成绩"=>70));
    echo '<table align="center" width="716" border="1" cellpadding="1" cellspacing="1"  bordercolor
="#FFFFFF" bgcolor="#00CCFF">
      <tr>
        <td width="120" align="center" bgcolor="#00CCFF">姓名</td>
        <td width="120" align="center" bgcolor="#00CCFF">班级</td>
        <td width="120" align="center" bgcolor="#00CCFF">成绩</td>
      </tr>';
    foreach($a as $key=>$value){
        echo '<tr>';
        foreach($value as $key2=>$value2){
            echo  '<td width="120" align="center" bgcolor="#FFFFFF">'.$value2.'</td>';
        }
        echo '</tr>';
    }
    echo '</table>';
    ?>
```

【运行效果】二维数组遍历结果输出，运行效果如图 4-5 所示。

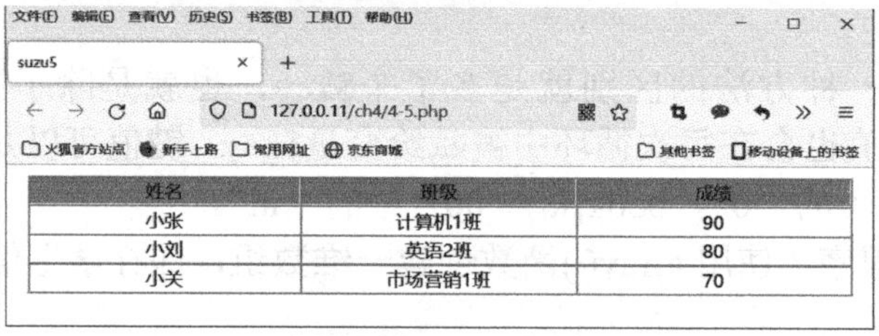

图 4-5　二维数组遍历结果输出的运行效果

for 循环遍历数组

3. for 循环遍历数组

在其他编程语言中，常常使用 for 循环来遍历数组，通过数组的下标来访问数组中的每一个元素，但要求数组下标是连续的。for 循环常使用在索引数组遍历中，关联数组不适合使用 for 循环进行遍历。

【实例 4-6】利用 for 循环遍历名单数组，将每个元素输出。

代码如下：

```
<?php
$a = array('张三','李四','王五','赵六'); //定义数组变量
for ($i = 0;$i<count($a); $i++){  //初始化$i,判断条件,满足则执行循环体
$str= $a[$i]; //将数组元素赋值给变量$str
$j=$i+1;
echo "第 ".$j."个人的姓名为: ".$str."<br> "; //循环输出数组中每个人的姓名
}
?>
```

【运行结果】利用 for 循环遍历名单数组将每个元素输出，运行效果如图 4-6 所示。

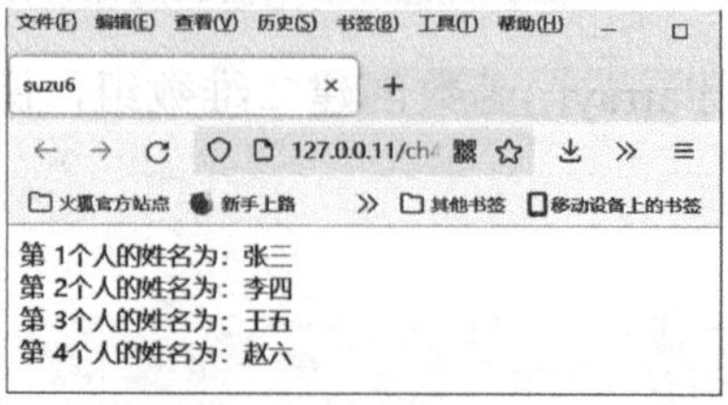

图 4-6　利用 for 循环遍历名单数组将每个元素输出的运行效果

【实例 4-7】for 循环遍历通讯录二维数组，将每个元素输出。

代码如下：

```
<?php
//使用 array()语句结构将联系人列表中所有数据声明为一个二维数组,默认下标是顺序数字索引
  $contact1 = array(                          //定义外层数组
  array(1,'张三','中国电信','北京市','(010)987654321','zs@Linux.com'),//子数组 1
  array(2,'李四','中国平安','上海市','(021)123456789','ls@apache.com'),//子数组 2
  array(3,'王五','工商银行','天津市','(022)24683839','ww@mysql.com'), //子数组 3
  array(4,'赵六','中国石油','重庆市','(023)13579176','zl@php.com')   //子数组 4
  );
  //以 HTML 表格的形式输出二维数组中的每个元素
  echo '<table border="1" width="600" align="center" bgcolor="#FFFFFF" cellpadding="0" cellspacing=
"0">';
  echo '<caption><h3>通讯录</h3></caption>';
  echo '<tr  bgcolor="#00CCFF">';
  echo '<th>序号</th><th>姓名</th><th>公司</th><th>地址</th><th>电话</th><th>EMALL</th>';
  echo '</tr>';
  //使用双层 for 语句嵌套二维数组$contact1,以 HTML 表格的形式输出
  //使用外层循环遍历数组$contact1 中的行
  for($row=0;$row<count($contact1);$row++)
  {
    echo '<tr align="center">';
    //使用内层循环遍历数组$contact1 中 子数组的每个元素,使用 count()函数控制循环次数
    for($col=0;$col<count($contact1[$row]);$col++)
    {
      echo '<td>'.$contact1[$row][$col].'</td>';
    }
    echo '</tr>';
  }
  echo '</table>';
  ?>
```

【运行结果】for 循环遍历通讯录二维数组，将每个元素输出，运行效果如图 4-7 所示。

图 4-7　for 循环遍历通讯录二维数组将每个元素输出的运行效果

4.1.3　数组的应用

由于数组的灵活性和方便性，其在 PHP 编程中经常被用到，要能够灵活运用数组还需要用到许多数组相关的内置函数，下面我们一起来学习常用函数。

1. implode( )函数

implode( )函数用于返回由数组元素组合成的字符串。其语法格式如下：

```
string implode (string $a,array $b )
```

其中，$a：可选，规定数组元素之间放置的内容，默认为""（空字符串）。$b；必需，指要结合为字符串的数组。

【实例 4-8】用 implode()函数将数组元素组合成一个字符串。

代码如下：

```
<?php
$arr = array('Hello','World!','I','Have','a','Good','Day!');
echo implode(" ",$arr);
?>
```

【运行结果】数组元素组合成一个字符串的运行效果如图 4-8 所示。

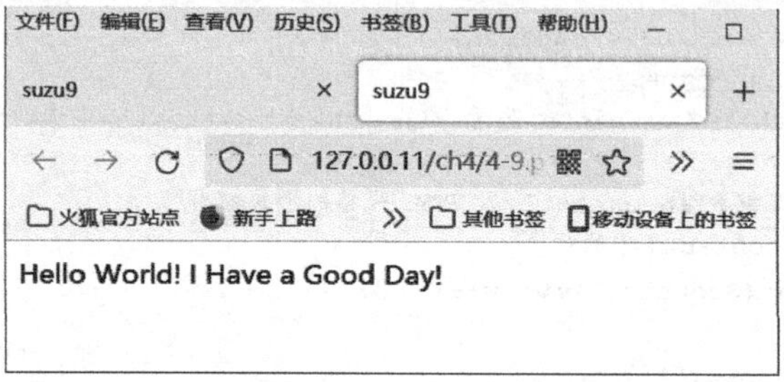

图 4-8　数组元素组合成一个字符串的运行效果

2. explode( )函数

explode( )函数能将字符串分割成数组元素，其语法格式如下：

```
array explode (string $separator ,string $a)
```

该函数返回由字符串组成的数组，字符串 separator 作为边界点将字符串 string 分割成若干个子串，然后由这些子串构成一个数组。如果设置了 limit 参数，则返回的数组最多包含 limit 个元素，最后一个元素将包含字符串 string 的剩余部分。

【实例 4-9】用 explode 函数分割一串字符串，并保存至数组中。

代码如下：

```
<?php
//利用 explode 函数分割字符串到数组
$source = "good,morning,every,one,! ";//按逗号分离字符串
$a = explode(',',$source);
for($index=0;$index<count($a);$index++){
echo $a[$index];
echo "</br>";
}
?>
```

【运行结果】explode 函数分割一串字符串，保存至数组并输出，运行效果如图 4-9 所示。

3. count( )函数

遍历数组时经常需要先计算数组的长度，作为循环结束的判断条件，count( )函数可用于统计数组中元素的个数。其语法格式如下：

int count（ mixed $array_or_countable [， int $mode]）

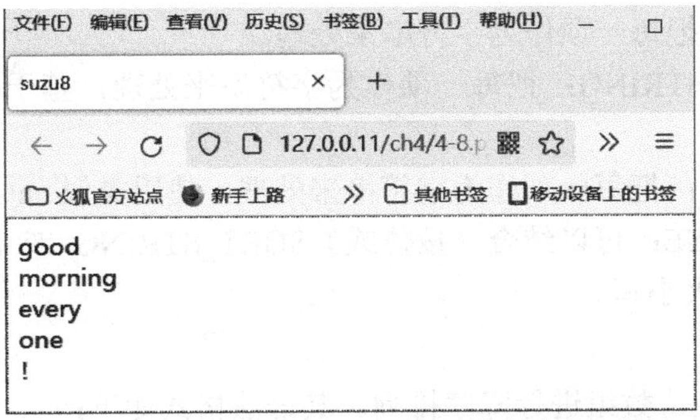

图 4-9 explode 函数分割一串字符串的运行效果

对于数组，返回其元素的个数，对于其他值，返回 1。如果参数是变量，而变量没有定义，则返回 0。如果 mode 被设置为 COUNT_RECURSIVE（或 1），则会递归计算多维数组中的元素个数，mode 的默认值是 0。

【实例 4-10】用 count( )函数统计数组元素数量。

代码如下：

```
<?php
$num = array(1,3,5,6,9,11);
//定义一维数组
$hero=array(//定义二维数组
"乔峰"=>array("42", "降龙十八掌"),
"欧阳锋"=>array("52", "蛤蟆功"),
"张无忌"=>array("20","九阳神功"));
echo "数组\$num 元素个数为:".count($num)."<br>"; //6
echo"二维数组\$hero 元素个数为:".count($hero)."<br>"; //3
echo"二维数组\$hero 递归所有元素个数为:".count($hero,1); //8
?>
```

【运行结果】统计数组元素数量，运行效果如图 4-10 所示。

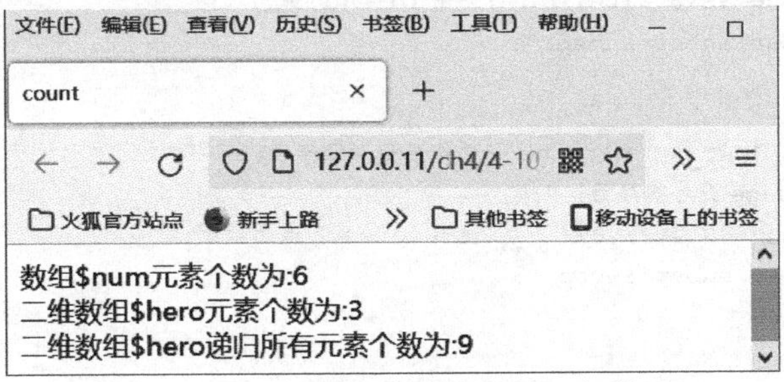

图 4-10 统计数组元素数量的运行效果

4. sort( )函数

sort( )函数用于对索引数组进行升序排列。其语法格式如下：

```
bool sort (array &$array [ , int $sort_flags ])
```

参数 array 表示要排序的数组，可选参数 sort_flags 用以下值改变排序行为，规定如何比较数组的元素/项目：

- SORT_REGULAR：默认。把每一项按常规顺序排列（Standard ASCII，不改变类型）。
- SORT_NUMERIC：把每一项作为数字来处理。

● SORT_STRING：把每一项作为字符串来处理。

● SORT_LOCALE_STRING：把每一项作为字符串来处理，基于当前区域设置（可通过setlocale）进行更改。

● SORT_NATURAL：把每一项作为字符串来处理，使用类似 natsortO( )的自然排序。

● SORT_FLAG_CASE：可以结合（按位或）SORT_STRING 或 SORT_NATURAL 对字符串进行排序，不区分大小写。

5. rsort( )函数

rsort( )函数用于对数值数组进行降序排列。其语法格式如下：

```
bool rsort (array &Sarray [ , int $sort_flags ]
```

可选参数 sort_flags，与 sort( )函数用法相同。

【实例 4-11】sort( )函数和 rsort( )函数在数组排序中的应用示例。

代码如下：

```
<?php
    $num = array(10, 23, 5, 12, 84, 16);
    echo "数组\$num 为: ";
    foreach ($num as $value){   //使用 foreach 遍历数组
    echo $value."   ";
   }
    echo  "<br>";
    sort($num);   //数组元素升序排列
    echo "数组\$num 升序排序为: ";
    foreach ($num as $value){   //使用 foreach 遍历数组
    echo $value."   ";
    }
    echo  "<hr>";
    $language = array("C++", "PHP", "Java", "JavaScript", "Python");
    echo "数组\$language 为: ";
    foreach ($language as $value){   //使用 foreach 遍历数组
    echo $value."   ";
    }
    echo  "<br>";
    rsort($language, SORT_STRING);   //字符串元素降序排列
    echo "数组\$language 升序排序为: ";
    foreach ($language as $value){   //使用 foreach 遍历数组
    echo $value."   ";
    }
?>
```

【运行结果】sort( )函数和 rsort( )函数在数组排序中的应用，运行效果如图 4-11 所示。

6. in_array( )函数

in_array( )函数用于搜索数组中是否存在指定的值。其语法格式如下：

```
bool in_array (mixed $search, array $haystack [, bool $strict])
```

该函数表示在数组 haystack 中搜索值 search，若找到，返回 true，否则返回 false。如果可选参数 strict 为 true，则 in_array( )函数还会检查搜索的数据与数组的值的类型是否相同。

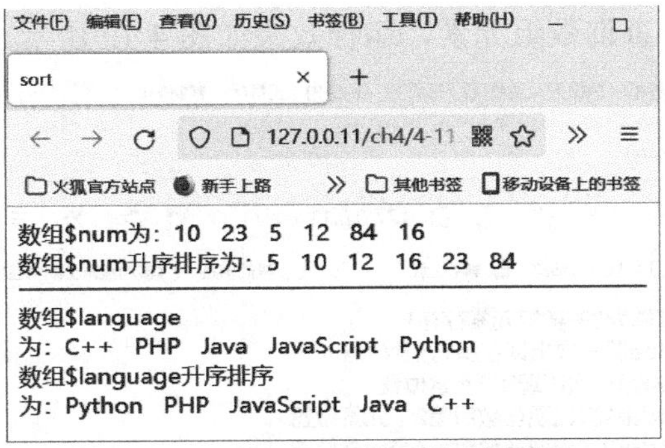

图 4-11　数组排序应用的运行效果

7. array_key_exists( )函数

array_key_exists( )函数用于检查某个数组中是否存在指定的键名，如果键名存在，则返回 true，否则返回 false。其语法格式如下：

```
bool array_key_exists (mixed $key, array $search)
```

在数组 search 中搜索是否存在键名或索引为 key 的元素，若有，则返回 true，否则返回 false。

8. array_search( )函数

array_search( )函数在数组中搜索某个键值，并返回对应的键名。其语法格式如下：

```
mixed array_search(mixed $value,array $haystack [,bool $strict )
```

在数组 haystack 中搜索 value 参数，找到后返回键名，否则返回 false。如果可选参数 strict 被设置为 true，则函数在数组中搜索数据类型和值都一致的元素。

【实例 4-12】在数组中查询数组元素。

代码如下：

```
<?
$array = array(0 => 'blue', 1 => 'red', 2 => 'green', 3 => 'red');
if(array_key_exists(2,$array)){
echo "键值为 2 的数组元素存在! <br>";
}
else
{echo "键值为 2 的数组元素存在! <br>";
}
$a=array_search( "blue",$array); //将输出$a=0;
$b=array_search( 'red',$array); //将只会输出$b=1;
echo "blue 第一次出现在第".++$a."元素位置<br>";
 echo "red 第一次出现第".++$b."元素位置<br>";
$color="red";
$p = array_keys($array, $color);//搜索的字符串在数组中含有多个
if(is_array($p)) {
  foreach($p as $v) {
  $i++;
    echo $color."第".$i."次出现在数组第".++$v ."个元素位置<br>";
   }
}else {
  echo $color."出现在".array_search($value, $array)." ";
}
?>
```

【运行结果】在数组中查询数组元素，运行效果如图 4-12 所示。

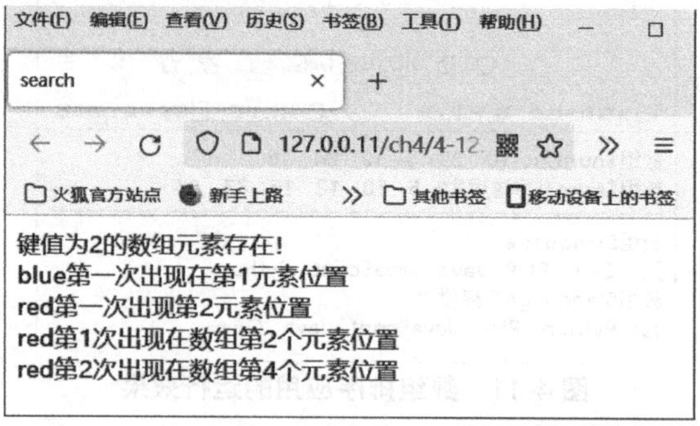

图 4-12　在数组中查询数组元素的运行效果

4.2　字符串

字符串是由数字、字母、下划线等组成的一串字符。字符串可以用 3 种形式来表示：单引号（'）、双引号（"）和定界符（<<<）。

【注意】在使用过程中一定要注意单引号与双引号的差异，任何变量在双引号中都会被转换为它的值进行输出显示；而单引号的内容则会被原样输出。

字符串常用操作

4.2.1　字符串常用操作

1. 获取字符串长度

PHP 中使用 strlen( )函数获取字符串长度，其语法格式如下：

```
int strlen(string $str)
例如: echo strlen("www.php.com"); //结果为 11
      echo strlen("你好");  //结果为 4
```

【注意】汉字占两个字符，数字、英文、小数点、下划线和空格各占一个字符。

2. 去除字符串首尾空格

trim()函数用于去除字符串首尾空格和特殊字符，并返回去掉空格和特殊字符后的字符串。其语法格式如下：

```
string trim(string $str [,string $charlist= " \t\n\r\0\x0B"]);
```

其中的参数 str 是要去掉空格的字符串；可选参数 charlist 为准备从字符串 str 中移除的字符，如果不设置该参数，则默认去除以下字符：空格、制表符（\t）、换行（\n）、回车（\r）、空字符（\0）和垂直制表符（\x0B）。

3. 去除字符串右边空格

rtrim( )函数用于去除字符串右边的空格和特殊字符。其语法格式如下：

```
string rtrim(string $str [,string $charlist] );
```

4. 去除字符串左边空格

ltrim( )函数用于去除字符串左边的空格和特殊字符。其语法格式如下：

```
string ltrim(string $str [,string $charlist]);
```

【实例 4-13】去除字符串空格，并输出字符串长度。

代码如下：

```
<?php
$str=" 去除前后空格 ";
echo "方括号中为原始字符串：[".$str."]<br>";
echo "原始字符串长度：".strlen($str)."<br>";
$str1=ltrim($str);
echo "执行 ltrim()之后的长度：".strlen($str1)."<br>";
$str2=rtrim($str);
echo "执行 rtrim()之后的长度：".strlen($str2)."<br>";
$str3=trim($str);
echo "执行 trim()之后的长度：".strlen($str3)."<br>";
echo "去掉首尾空格之后的字符串：[".$str3."]";
?>
```

【运行结果】去除字符串空格，并输出字符串长度，运行效果如图 4-13 所示。

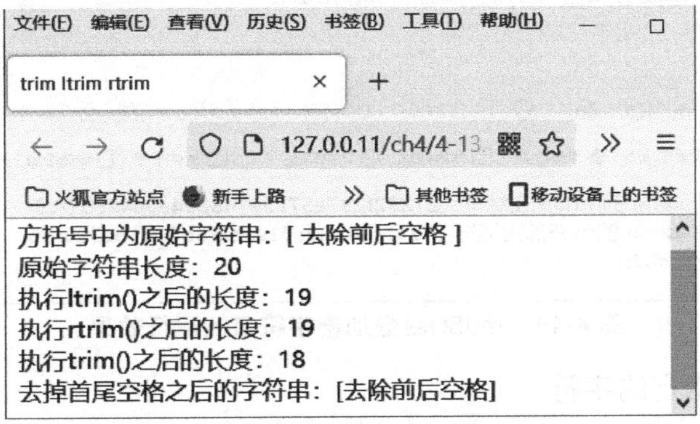

图 4-13　去除字符串空格的运行效果

5. 截取字符串

substr()函数是允许访问一个字符串给定起点和终点的子字符串，该函数常用于截取英文字符串，在截取中文字符串时需慎用。其语法结构如下：

```
string substr(string $string ,int $start[,int length])
```

参数说明：$string，必须得规定要返回一部分的字符串。$start，必须得规定在字符串的何处开始。例如：

```
echo substr("www.php.com",4,3); //结果为 php
echo substr ("www.php.com",4,-3);  //结果为 php
```

6. 字符串加密

加密函数是 PHP 中十分常用的函数。加密函数可以有效地防止黑客攻击，在用户注册和登录时对密码进行加密后再添加到数据库中，就可以防止内部攻击者直接查询数据库中的授权表从而盗用用户的身份信息。

md5()字符串加密函数用于计算字符串 MD5 散列，此函数使用 RSA 数据安全，得到一个 32 位的十六进制字符串，如果加密失败则返回 false。

其语法格式如下：

```
string md5(string $str[,bool $raw_output=false])
```

参数$str 是必需的，规定要加密的字符串。

【实例 4-14】md5()函数加密字符串示例。

代码如下：

```
<?php
$a="admin";
$al=md5($a);
echo "字符串".$a."的 md5 加密结果：".$al;
$b="adman";
echo "<br>字符串".$b."的 md5 加密结果：".md5($b);
if($al==md5("admin")){
echo "<br>加密匹配成功！";
}
?>
```

【运行结果】md5()函数加密字符串，运行效果如图 4-14 所示。

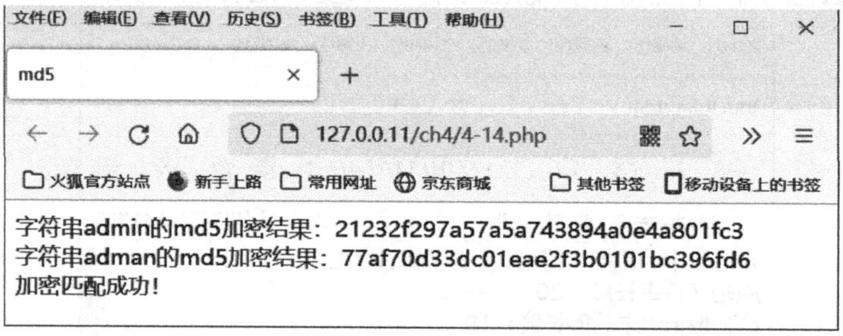

图 4-14　md5()函数加密字符串的运行效果

7. 检索字符串内指定的字符

strpos( )函数用于检索字符串内指定的字符或文本。其语法格式如下：

```
mixed strpos(string $haystack, mixed $needle[, int $start])
```

该函数将返回 needle 存在于 haystack 字符串中起始的字符位置（字符串位置是从 0 开始的，而非从 1 开始）。如果未找到匹配，则将返回 false。可选参数 start 为开始搜索的位置。

```
例如：echo strpos("www.php.com","om); //结果为 9
```

8. 替换字符串

str_replace( )函数可以将某字符串中的指定字符串进行替换。其语法格式如下：

```
mixed str_replace(mixed $find, mixed $replace, mixed $subject[, int &$count])
```

参数 find 为要查找的字符串，参数 replace 为用来替换的字符串，参数 subject 为被搜索的字符串，可选参数 count 为执行替换的数量。

【实例 4-15】指定字符串替换应用。

代码如下：

```
<?php
$str ="http://www.python.com/";
echo"原字符串为:$str<br>";
echo "替换字符串后:".str_replace("python","php",$str);
?>
```

【运行结果】指定字符串替换应用，运行效果如图 4-15 所示。

图 4-15　指定字符串替换应用的运行效果

4.3　正则表达式

正则表达式是一种可以用于模式匹配和替换的强大工具，多种编程工具中都能使用正则表达式来实现匹配和筛选功能。正则表达式也称为模式表达式，自身具有一套非常完整的、可以编写模式的语法体系，提供了一种灵活并且直观的字符串处理方法。正则表达式通过构建特定的模式，与输入的字符串信息比较，从而实现字符串的匹配、查找、替换和分割等操作。

正则表达式的一个最为普遍的应用就是验证用户在线输入的邮件地址的格式是否正确。如果通过正则表达式证明用户邮件地址的格式正确，用户所填写的表单信息将会被正常处理；反之，如果用户输入的邮件地址与正则表达式的模式不匹配，将会弹出提示信息，要求用户重新输入正确的邮件地址。由此可见，正则表达式在 Web 应用的逻辑判断中具有举足轻重的作用。

4.3.1　正则表达式语法结构

正则表达式的形式一般如下：

```
/good/
```

其中位于“/”界定符之间的部分就是将要在目标对象中进行匹配的模式。只要把需要查找匹配字符模式内容放入“/”界定符之间即可。

元字符是指在正则表达式中具有特殊意义的字符。常见的元字符如表 4-2 所示。

表 4-2　元字符

元字符	说明	示例
+	匹配任何至少包含一个前导字符串	如“bm+”能匹配“bm”以及“bmm”，但不能匹配“b”
*	匹配任何包含零个或多个前导字符串	如“bm*”能匹配“b”，也能匹配“bm”以及“bmm”
?	匹配任何包含零个或 1 个前导字符串	如“colou?r”可以匹配“colour”和“color”
.	匹配任意一个字符串，除了\r\n	如“k.d”可以匹配“kad”“kid”和“kmd”，但不匹配“kind”
{x}	匹配任何包含 x 个前导字符串	如“o{2}”不能匹配“Pop”中的“o”，但是能匹配“moon”中的两个 o
{x，y}	匹配任何包含 x 到 y 个前导字符串	如“o{1，3}”将匹配“mooon”中的前三个 o，“o{0，1}”等价于“o?”，请注意在逗号和两个数之间不能有空格
{x，}	匹配任何包含至少 x 个前导字符串	如“o{2，}”不能匹配“Pop”中的“o”，但能匹配“moooon”中的所有 o。“o{1，}”等价于“o+”；“o{0，}”则等价于“o*”
^	匹配字符串的行首	如“^Com”匹配“Comment”，但不匹配“GoodComment”

续表

<table>
<tr><th>元字符</th><th>说明</th><th>示例</th></tr>
<tr><td>$</td><td>匹配字符串的行尾</td><td>如“$Com"匹配“GoodComment”，但不匹配“Comment”</td></tr>
<tr><td>x|y</td><td>选择符，匹配字符串的左边或者右边</td><td>如“w|moon”能匹配“w”或“moon”，“[wm]oon”则匹配“woon”或“moon”</td></tr>
<tr><td>()</td><td>分组，提取</td><td>如“（abc）+”能匹配“abdm”</td></tr>
<tr><td>[a-z]</td><td>匹配任何包含小写字母 a～z 的字符串</td><td>如“[a-z]”可以匹配“a”到“z”范围内的任意小写字母字符</td></tr>
<tr><td>[^abc]</td><td>匹配任何不包含小写字母 a，b，c 的字符串</td><td>如“[^abc]”可以匹配“plain”中的“plin”</td></tr>
</table>

“\”预设转义字符如表 4-3 所示。

表 4-3 “\”预设转义字符

预设转义字符	描述
\w	匹配任何包含 a-zA-Z0-9 和下划线的字符串
\W	匹配任何不包含 a-zA-Z0-9 和下划线的字符串
\d	匹配任何包含数字字符
\D	匹配任何非数字字符
\s	匹配任何空白字符
\S	匹配任何非空白字符
\b	匹配是否到达了单词边界
\B	匹配没有到达了单词边界
\	匹配正则中的特殊字符

常用正则表达式如表 4-4 所示。

表 4-4 常用正则表达式

<table>
<tr><th>正则表达式</th><th>描述</th></tr>
<tr><td>"^[\w-]+(.[lw-]+)*@[\w-]+(.[\w-]+)+S"</td><td>E-mail 地址</td></tr>
<tr><td>^((d{2,3}))(d{3}-)?((O\d{2,3}\)|0)d{2，3}-)?[1-9]\d{6，7}(-ld{1,4})?$]</td><td>电话号码</td></tr>
<tr><td>/(d+)L(d+)L(\d+).(\d+)Vg//</td><td>匹配 IP 地址</td></tr>
<tr><td>\n[\s|]*\r</td><td>匹配空行</td></tr>
<tr><td>/<(.*)>.*<V1>1<(.*)V>/</td><td>匹配 HTML 标记</td></tr>
<tr><td>http://([w-]+.)+[w-]+(/[w- ./?%&=]*)?</td><td>匹配网址 URL</td></tr>
<tr><td>/[x{4e00}-\x{9fa5}A-Za-z0-9_]+S/u</td><td>匹配中文字符</td></tr>
<tr><td>^[1-9]\d{5}S</td><td>邮政编码</td></tr>
<tr><td>^(selectldropldeletelcreatclupdateljinsert).*S</td><td>SQL 语句</td></tr>
<tr><td>^[0-9]*[1-9][0-9]*$</td><td>正整数</td></tr>
<tr><td>((-)d+)(0+))S</td><td>非正整数</td></tr>
<tr><td>^-[0-9]*[1-9][0-9]*S</td><td>负整数</td></tr>
<tr><td>^_?\d+$</td><td>整数</td></tr>
<tr><td>^d{15}|d{18}$</td><td>身份证（15 或 18）</td></tr>
<tr><td>^d{4}-d{1,2}-d{1,2}</td><td>日期格式</td></tr>
</table>

4.3.2 正则表达式函数

在编程过程中，正则表达式不能独立使用，它只不过是定义字符串规则的一种模式，必须配合正则表达式的函数应用，才能实现对字符串的匹配、查找、替换和分割等操作。

1. preg_match 字符串的匹配和查找

preg_match()函数用于匹配字符串。其语法格式如下：

```
int preg_match( string $pattern,string $subject [,array &$matches])
```

该函数在字符串 subject 中搜索与表达式 pattern 相匹配的内容，成功则返回整个模式匹配的次数（可能为零），出错则返回 false。如果定义了数组 matches，则将每次匹配的结果存储到该数组中。

preg_match( )第一次匹配成功后就会停止匹配，如果要实现全部结果的匹配，即搜索到 subject 结尾处，则需使用 preg_match_all( )函数。

2. preg_match_all 字符串的匹配和查找

preg_match_all( )与 preg_match( )函数类似，不同的是函数 preg_match( )在第一次匹配后就停止搜索，而函数 preg_match_all( )则会一直搜索到指定字符串的结尾，可以获取匹配到的结果。

3. 正则表达式的替换函数

preg_replace( )函数是一个执行正则表达式的搜索和替换的函数，它的使用也基于 Perl 正则表达式的语法格式。

4. 使用正则表达式函数分割字符串

preg_split( )函数可以通过一个正则表达式分割字符串，返回一个数组。

【实例 4-16】正则表达式函数字符串匹配应用示例。

代码如下：

```
<?php
if(preg_match("/php/i", "PHP is the web scripting language of choice.", $matches)){  //利用
    print "A match was found:". $matches[0];
} else {
    print "A match was not found.";
}
echo "<hr>";
$s = "12,34:56;784;35,67:897:65";
echo "要分割的数字串为: ".$s."<br>";
$list = preg_split("/[,:;]/",$s);
echo "分割之后的数字数组: ";
var_dump($list);
echo "<hr/>";
$str=<<<yfstr
  <a href="index.php" rel="external nofollow" >首页</a>
yfstr;
echo "超链接为: ".$str."<br>";
//使用正则匹配
preg_match_all("/<a href=\"(.*?)\".*?>(.*?)<\/a>/s",$str,$a);
echo "匹配之后的数组: ";
var_dump($a);
?>
```

【运行结果】正则表达式函数字符串匹配应用的运行效果如图 4-16 所示。

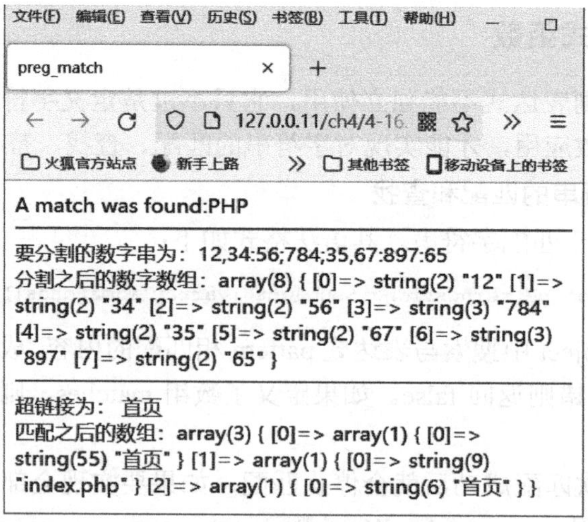

图 4-16　正则表达式函数字符串匹配应用的运行效果

小　结

本章介绍了数组的分类、数组的定义、一维数组与二维数组、数组的遍历、字符串及正则表达式，运用大量的实例来详细讲解数组的运用。数组是 PHP 中十分重要的数据类型。在编程过程中，也会经常使用数据，特别是数据的遍历、foreach 循环的使用等。通过对正则表达式内容的学习，学会利用常用正则表达式对字符串操作进行模式查找、替换等操作。本章重点掌握数组的不同定义方法、数据的不同遍历方法、索引数组和关联数组各自的特点和正则表达式的用法。

上机习题

1. 设计一个程序，筛选出数组$a=“4，8，23，78，67，91”中哪些是素数。
2. 利用二维数组，打印一个“九九乘法表”。
3. 在网站上传图片时，对其格式是有一定要求的，请设计 PHP 程序实现图片文件上传的筛选过滤功能。要求：使用查找字符串函数 strstr()来获取上传图片的后缀，并依此对图片格式进行限制。

第 5 章

目录和文件处理

在任何计算机存储设备中，各种数据、信息、程序主要是以文件形式存储的。一个文件在磁盘中对应一个或多个存储单元，而我们开发 PHP 站点时，时常要用到打开、查看文件或目录，向 Web 服务器端读取或写入文件及上传文件等操作，因此在 PHP 中对文件系统的操作过程中，内置了几十个系统函数以方便开发者的调用，为其利用 PHP 对文件的操作提供了便利。

5.1　查看文件和目录

PHP 操作文件系统，首先需要找到文件和目录，因此查看文件和目录是文件处理的基础，接下来我们一起来认识 PHP 是如何查看文件和目录的。

5.1.1　查看文件名称

使用 basename( )函数可以返回路径中的文件名称，语法格式如下：

```
string basename(string $path [,string $suffix])
```

参数$path 定义要检查的路径；$suffix 定义文件扩展名，为可选参数，用于过滤扩展名，如果定义了该参数，则函数将过滤掉扩展名，仅返回文件名。

【实例 5-1】用 basename( )函数查看文件名。

代码如下：

```
<?php
$path = "\ch5\学生信息表.xlsx";
echo "目录下有文件: ".basename($path) . "<br>";
echo "目录下有文件(过滤扩展名.xlsx): ".basename($path,".xlsx");
?>
```

【运行结果】查看文件名运行效果如图 5-1 所示。

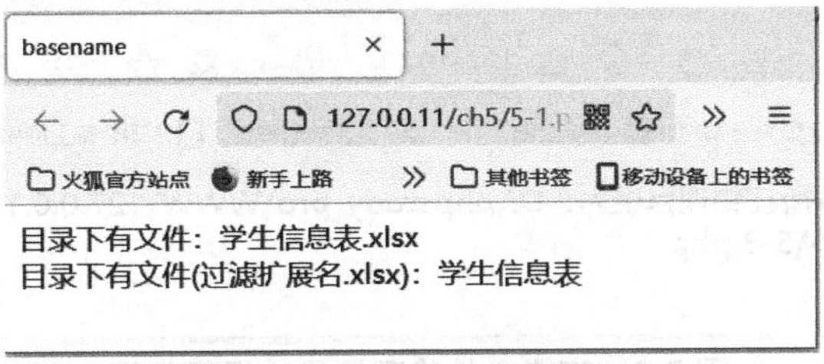

图 5-1　查看文件名的运行效果

5.1.2　查看文件目录

dirname()函数返回路径中的目录部分，语法格式如下：

```
string dirname (string $path )
```

其中，$path 为文件全路径。

【实例 5-2】用 dirname( )函数查看文件目录。

代码如下：

```
<?php
$path = "\kexmp\ch5\学生信息表.xlsx";
echo "文件所在目录为：".dirname($path) . "<br>";
?>
```

【运行结果】查看文件目录的运行效果如图 5-2 所示。

图 5-2　查看文件目录的运行效果

5.1.3　查看文件物理目录

realpath( )函数返回文件物理路径。该函数删除所有符号连接（比如'/../'及多余的'/'），返回物理路径。若失败，则返回 false，其语法格式如下：

```
string realpath (string $path)
```

其中，$path 为需要检查的文件路径。

【实例 5-3】用 realpath( )函数查看文件物理目录。

代码如下：

```
<?php
$path = "5-3.php";
echo "文件所在物理目录为：".realpath($path);
?>
```

【运行结果】查看文件物理目录的运行效果如图 5-3 所示。

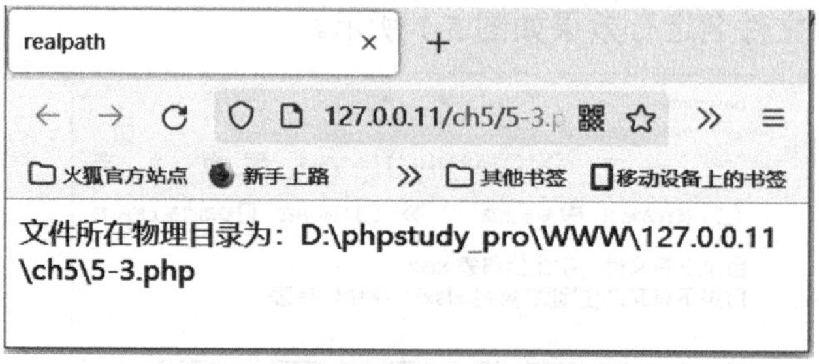

图 5-3　查看文件物理目录的运行效果

目录操作

5.2 目录操作

5.2.1 创建目录

mkdir( )函数可以创建目录，若成功，则返回 true，否则返回 false，其语法格式如下：

```
bool mkdir (string $path[,int $mode[,bool $recursive[,resource $context]]])
```

其中，各参数的作用如下：

- $path：定义要创建的目录。
- $mode：定义目录权限，默认为 0777，在 Windows 下会被忽略。
- $recursive：定义是否使用递归模式。
- $context：定义文件句柄的环境。

【实例 5-4】用 mkdir()函数创建目录。

代码如下：

```
<? mkdir("book");
mkdir("m1/m2/m3", "0777", true);  //创建多级目录,要使用$recursive 参数 ?>
```

创建目录效果，如图 5-4 所示。

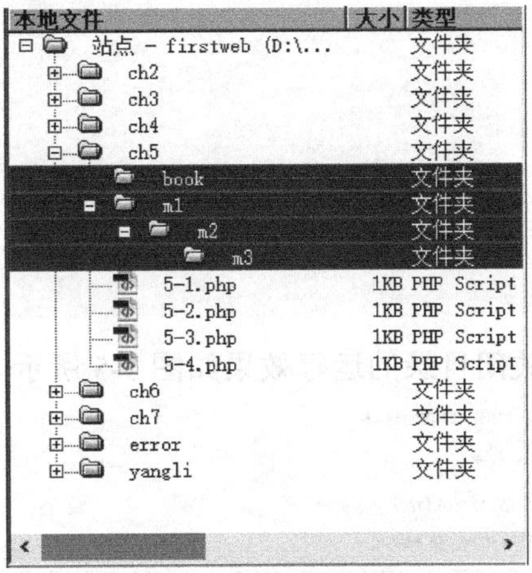

图 5-4 创建目录效果

5.2.2 打开和关闭目录

打开和关闭目录使用 opendir( )函数和 closedir( )函数。如果打开的目录不正确，将会报错。

1. 打开目录

用 opendir()函数来打开目录，其语法格式如下：

```
resource opendir( string $path[,resource $context] )
```

参数$path 定义要打开的合法的目录路径，参数$context 定义目录句柄的环境。若成功，则返回指向该目录的指针，失败，则返回 false。如果$path 不是合法目录，或者由于许可限制或文件系统错误而不能打开目录，将产生一个 E_ _WARNING 级别的错误。可以通过在函数名称前面添加“@”符号来隐藏 opendir()的错误输出。

2. 关闭目录

用 closedir()函数来关闭目录，语法格式如下：

```
void closedir([resource $dir_handle])
```

参数 dir_handle 为要关闭的目录句柄。

【实例 5-5】用 opendir( )函数和 closedir( )函数打开目录和关闭目录。

代码如下：

```
<?php
$dir = "D:/phpstudy_pro/WWW/127.0.0.11/ch5/";    //打开一个目录,然后读取其内容
if(is_dir($dir)){    //检测是否是一个目录
if ($dh=opendir($dir)){    //判断打开目录是否成功
while (($file=readdir($dh))!= false){    //循环返回目录中下一个文件的文件名
echo "文件名: ".$file. "   ";
echo "文件大小: ".@filesize($file) . "   ";
echo "文件类型: ".@filetype($file) ."   ";
echo "文件创建时间: ".@date("Y-m-j H:i:s",filectime($file))."   ";
echo "文件最后修改时间: ".@date("Y-m-j H:i:s", filemtime($file))."   ";
$sum+=1;
echo "<hr>";
echo "该目录中共有".$sum. "个文件或文件夹";
}
}
else
{
echo "路径错误";
exit0;
closedir($dh);
//关闭目录
}
}
?>
```

【运行结果】打开目录和关闭目录的运行效果如图 5-5 所示。

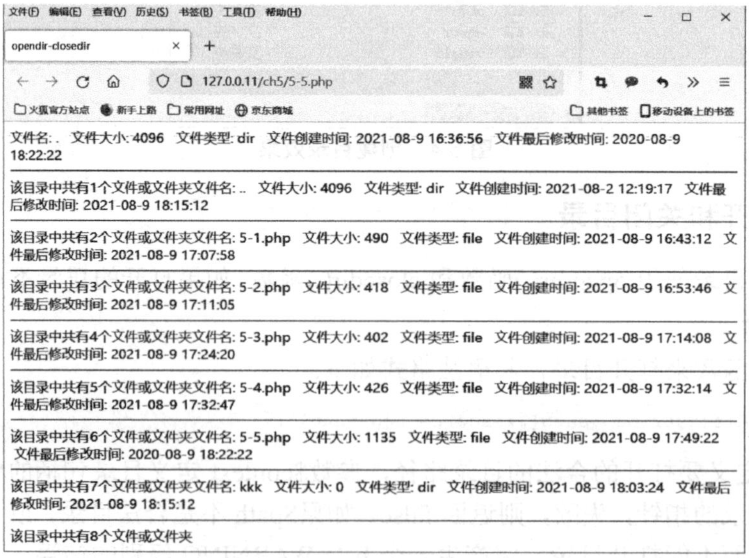

图 5-5　opendir()函数和 closedir()函数打开目录和关闭目录的运行效果

5.2.3 读取和删除目录

1. 读取目录

readdir( )函数返回由 opendir( )打开的目录句柄中的条目，若成功，则该函数返回一个文件名，否则返回 false，语法格式如下：

```
readdir(dir_handle);
```

dir_handle 参数为可选，通常赋值为由 opendir( )打开的目录句柄资源。如果该参数未指定，则使用最后一个由 opendir( )打开的链接。

2. 删除目录

rmdir( )函数删除空的目录，要删除的目录作为参数发送给 rmdir( )函数，如果成功，它将返回 true；如果失败，它将返回 false，语法格式如下：

```
rmdir(dirname[, context]);
```

dirname：指定要删除的目录。context：它是一个可选参数，用于指定流的行为。

【注意】 rmdir( )函数在删除目录时，目录必须为空目录。使用 rmdir( )函数之前必须先关闭 opendir( )，否则会给出“权限被拒绝”错误。

5.3 文件操作

文件操作包括打开、读取、关闭等。访问一个文件一般需要先打开文件，再读写文件，最后关闭文件。

5.3.1 打开和关闭文件

打开和关闭文件

1. 打开文件

在 PHP 中使用 fopen( )函数可以打开一个文件，语法格式如下：

```
resource fopen(string $filename,string $mode [,bool $use_include_path])
```

filename 参数是要打开的包含路径的文件名，可以是相对路径或绝对路径。如果 filename 是“scheme//..”格式，将被看作一个 URL。如果 filename 没有任何前缀，则表示打开的是本地文件。

mode 参数有如下取值：

- r：只读模式，以只读方式打开文件，文件指针位于文件头。
- r+：读写模式，以读写方式打开文件，文件指针位于文件头。
- w：只写模式，以只写方式打开文件，若文件存在，则将文件指针指向文件头，并将文件长度清零，即该文件内容会消失；若文件不存在，则尝试建立该文件。
- w+：读写模式，以读写方式打开文件，若文件存在，则将文件指针指向文件头，并将文件长度清为零。若文件不存在，则尝试建立该文件。
- a：以附加的方式打开只写文件，文件指针指向文件尾。若文件存在，写入的数据会被加到文件尾后，即文件原先的内容会被保留；若文件不存在，则会创建该文件。
- a+：以附加的方式打开可读写的文件，文件指针指向文件尾。若文件存在，写入的数据会被加到文件尾后，即文件原先的内容会被保留；若文件不存在，则会创建该文件。
- b：二进制模式，以二进制模式打开文件。若文件系统能够区分二进制文件和文本文件，可能会使用它。Windows 可以区分，UNIX 则不区分，推荐使用该选项，便于获得可移植性。它是默认模式。

● t：文本模式，用于与其他模式的结合，UNIX 系统使用“\n”作为行结束字符，Windows 系统使用“\r\n”作为行结束字符，该模式只是 Windows 下的一个选项。

use_include_path 参数为可选，如果需要在 include_path 中指定的路径下搜索文件，可将该参数设置为 1 或者 true。

【注意】PHP 在尝试打开文件时，必须确保该文件能够被 PHP 访问，即具有文件的访问权限。mode 参数区分大小写，请勿输成大写字符。

2. 关闭文件

对文件操作结束后需要关闭文件，以释放打开的文件资源。fclose( )函数的作用是关闭文件，语法格式如下：

```
bool fclose(resource $file)
```

参数 file 为要关闭的文件，该资源对象必须有效，否则将返回 false。

【实例 5-6】利用 fopen 函数打开一个文件，判断是否打开成功后输出提示信息，再用 fclose 函数关闭该文件。

代码如下：

```
<?php
if(($file=@fopen("hellol.txt","r"))==false)  //打开文件,@不显示系统警告提示
{
    die("文件打开失败! <br>");
    var_dump($file);
}
else
{
    echo "文件打开成功! <br>";
    var_dump($file);
}
fclose($file);   //关闭文件
?>
```

【运行结果】利用 fopen 函数和 fclose 函数打开和关闭文件的运行效果如图 5-6 所示。

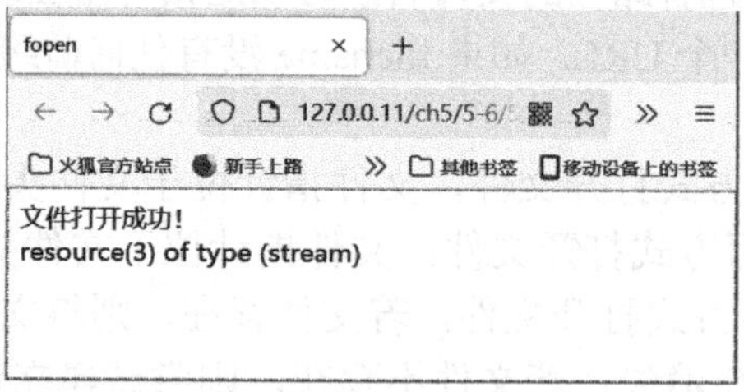

图 5-6 fopen 函数和 fclose 函数打开和关闭文件的运行效果

5.3.2 文件数据读取

1. 读取整个文件

1）readfile( )函数

readfile( )常用于读取整个文件，并将其写入到输出缓冲中，如出现错误则返回 false，其语法格式如下：

```
int readfile ( string $filename [, bool $use_include_path[, resource $context ]] )
```

使用 readfile( )函数，不需要打开或关闭文件，也不需要 echo、print 等输出语句，只需要给出文件路径。

2）file( )函数

file( )函数也可用于读取整个文件内容，它是将文件内容按行读入一个数组中，数组的每一项对应文件中的一行，包括换行符在内，如出现错误则返回 false，语法格式如下：

```
array file ( string $filename [, int $flags = 0 [, resource $context ]] )
```

file( )不需要打开或关闭文件，它将文件作为数组返回，如失败，则返回 false。

3）file_get_contents()函数

file_ get_ contents()也可用于读取整个文件内容，它是将文件读入到一个字符串中，语法格式如下：

```
string file_get_contents (string $filename [,bool $use_include_path = false [, resource $context
[, int $offset = -1[, int $maxlen]]]])
```

该函数适用于二进制文件，如果有 offset 和 maxlen 参数，将从参数 offset 所指定的位置开始读取长度为 maxlen 的字符串，如读取失败，则返回 false。

【实例 5-7】读取整个文件。

代码如下：

```
<?php
    $str = readfile('demo.txt');
    echo $str."<hr>";
    $t=file('demo.txt');
    foreach($t as $line => $content){
       echo '第'.($line + 1).'行:'.$content."<br>";
    }
    echo "<hr>";
    echo file_get_contents('demo.txt');
?>
```

【运行结果】读取整个文件，运行效果如图 5-7 所示。

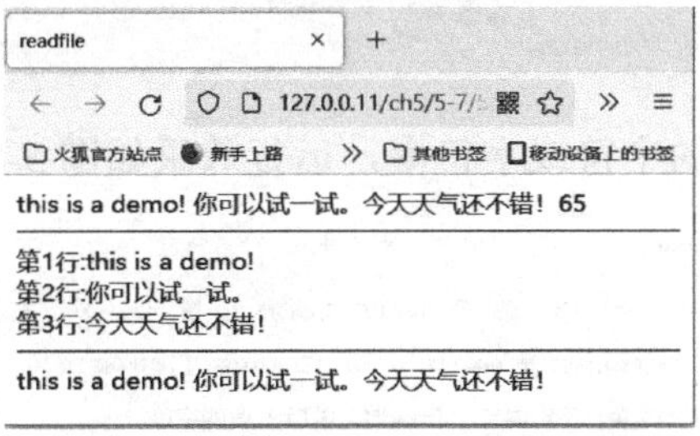

图 5-7　读取整个文件的运行效果

2. 读取文件中任意长度的字符串

fread( )函数可用于读取文件中任意长度的字符串，语法格式如下：

```
string fread ( resource $file, int $length )
```

参数 file 用于定义要读取的文件；参数 length 用于定义要读取的字节数。该函数在读取完 length 个字节数，或到达 EOF 时就停止读取文件。

读取文件中的字符串

3. 读取文件的一行字符

fgets( )函数用于从打开的文件中读取一行字符，语法格式如下：

```
string fgets ( resource $file, int $length )
```

从 file 指向的文件中读取一行，并返回长度最多为 length−1 字节的字符串。在碰到换行符、EOF 或者已经读取了 length−1 字节后停止。如果没有设置参数 length，则默认为 1KB。如果读取失败，则返回 false。

4. 读取文件的一个字符

fgetc( )函数可以从打开的文件中读取一个字符，语法格式如下：

```
string fgetc( resource $file )
```

从打开的文件中返回一个字符，遇到 EOF 时则返回 false。

【实例 5-8】读取文件中的字符或字符串。

代码如下：

```
<?
$file="text.txt";
$hand=fopen($file, "r") or die("打开失败") ;
$con=fread ($hand, 32) ;
fclose ($hand) ;
echo $con;
echo "  fread 输出指定长度的字符。<hr>";
$file = fopen("text.txt","r");//使用只读方式打开文档
echo fgets($file);//读取打开文件的一行字符
echo "  fgets 输出一行字符。";
echo "<hr>";
while(! feof($file)){//利用循环语句输出文档中的其他字符
echo
fgets($file). "<br>";
}
fclose($file);//关闭文档
$file = fopen("text.txt","r");//以只读方式打开文档
echo fgetc($file);
echo "fgetc 输出一个字符。";
fclose($file);
?>
```

【运行结果】读取文件中的字符或字符串，运行效果如图 5-8 所示。

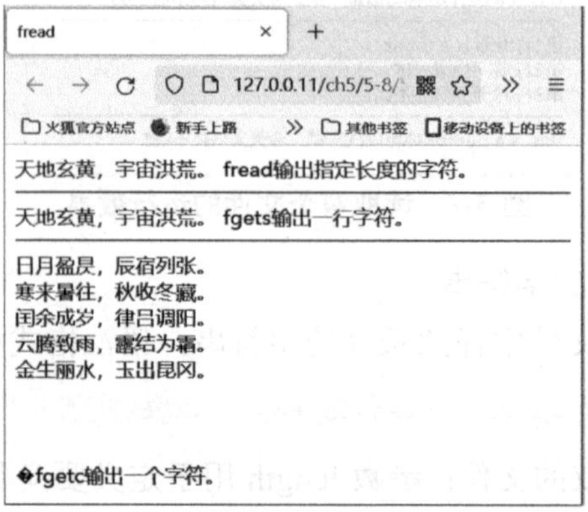

图 5-8　读取文件中的字符或字符串的运行效果

5.3.3　文件数据写入

在 PHP 中，将数据保存到文件中是比较简单的。使用 fwrite( )函数就可以将字符串内容写入文件中，语法格式如下：

文件数据写入

```
int fwrite ( resource $handle, string $string [,int $length] )
```

该函数把 string 定义的字符串，写入 handle 定义的文件指针处，如果设置了 length，当写入 length 个字节，或写完 string 后，写入就会停止。fwrite( )函数返回写入的字符数，出现错误时则返回 false。

【注意】当一个文本文件想插入一行数据中，需要使用行结束符号。在文件中使用"\n"表示换行符，不同的操作系统有不同的结束符号。

【实例 5-9】利用 fwrite()写入 0～100 的文本文件，并将文本文件读取显示在页面上。

代码如下：

```
<?php
$filename="content.txt";    //声明一个变量来保存文件名
$handle=fopen($filename,'w') or die('打开文件失败') ;//使用 open()打开文件以只写方式打开,如果不存在这个文件则创建它
for ($i=0;$i<=9;$i++) {  //循环 10 次,分成 10 行
 for($j=1;$j<=10;$j++)  //循环$i*$j 次写入数据
 {fwrite ($handle,$i*10+$j."\t") ;    //写入文件
 }
  fwrite($handle,"\r\n");
}
fclose ($handle);    //关闭文件
$handle = fopen($filename,"r");//使用只读方式打开文档写
while(! feof($handle)){//利用循环语句输出文档中的其他字符
echo fgets($handle);
echo "<br>";
}
fclose ($handle);    //关闭文件
?>
```

【运行结果】写入 0～100 的文本文件并将文本文件显示在页面，运行效果如图 5-9 所示。

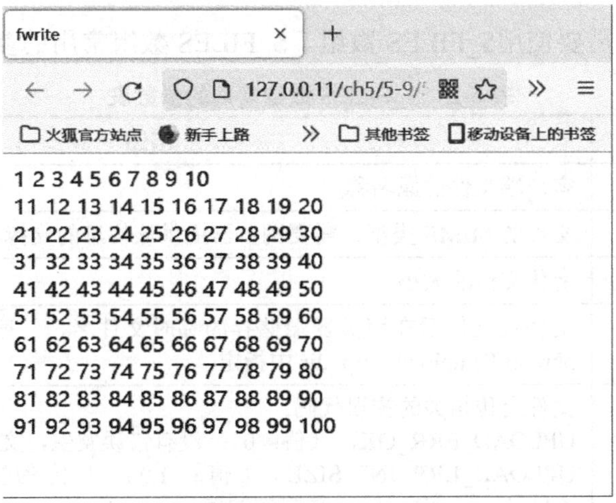

图 5-9　写入 0～100 的文本文件并将文本文件显示的运行效果

文件上传

5.3.4 文件上传

文件上传是 Web 应用的一个常用功能，就是浏览者通过浏览器将文件上传到服务器上的指定目录，比如注册用户上传自己的头像图片、上传 Word 文档等附件。

可上传的文件类型繁多，如何设置哪些文件能够上传，哪些文件需要过滤？我们是通过 MIME 类型来对文件类型进行选择的。

我们需要用到的常用 MIME 类型如表 5-1 所示。

表 5-1 常用 MIME 类型

文件类型	MIME 类型
图像文件	image/gif、image/jpeg、image/jpg. image/png
纯文本或 HTML 文件	text/txt、text/plain、text/html
word 文件	application/msword
excel 文件	application/vnd.ms-excel
音频文件	audio/basic
视频文件	video/mpeg
二进制或数据流文件	application/octet-stream

1. 配置 php.ini 文件

要上传文件，第一步要在 php.ini 中设置文件上传，并配置其中的必要参数。

- file_uploads：如值为 on，表示服务器支持文件上传；如值为 off，则不支持。
- upload_tmp_dir：上传文件的临时目录，默认为“C:\Windowstemp)”。在文件被成功上传之前，会被存放在服务器端的临时目录中。如果需要指定新位置，可通过设置该项来实现。
- upload_max_filesize：服务器允许上传的文件的最大值，以 MB 为单位。系统默认为 2MB，用户可根据需要设置合适大小。

2. $_FILES 数组

要实现上传文件，需要使用$_FILES 数组。$_FILES 数组常用的参数如表 5-2 所示。

表 5-2 $_FILES 数组常用的参数表

参数	描述
$_FILES['File']['name']	客户端文件的原名称
$_FILES['File']['type']	文件的 MIME 类型，需要浏览器提供该信息的支持，如"image/gif"
$_FILES['File']['size']	上传文件的大小
$_Files['File']['tmp_name']	文件被上传后在服务器端储存的临时文件名，一般是系统默认的，但可在 php.ini 的 upload_tmp_dir 中指定
$_FILES['File']['error']	文件上传相关的错误代码： UPLOAD_ERR_OK，（值：0)：没有错误发生，文件上传成功； UPLOAD_ERR_INI SIZE，（值：1）：上传的文件超过了 php.ini 中 upload_max_filesize 选项限制的值；

（续表）

参数	描述
$_FILES['File']['error']	UPLOAD_ERR_FORM_SIZE，（值：2）：上传文件的大小超过了 HTML 表单中 MAX_FILE_SIZE 选项指定的值； UPLOAD_ERR_PARTIAL，（值：3）：只有部分文件被上传； UPLOAD_ERR_NO_FILE，（值：4）：没有文件被上传； （值：5）：上传文件大小为 0

3. 上传文件函数

PHP 中使用 move_uploaded_file( )函数上传文件，能把存放在临时目录下的上传文件拷贝出来，存放到指定目录中，如果目标存在，将会被覆盖，语法格式如下：

```
bool move_uploaded file(string $filename,string $nfilename)
```

将上传文件存储到指定位置。如成功，则返回 true，否则返回 false。参数 filename 是上传文件的临时文件名，即$_FILES[filename][tmp_name]；参数 nfilename 是文件上传后保存的新路径和名称。

【实例 5-10】 设计一个上传图片的表单页面和一个上传图片处理的 PHP 页面，要求只能上传主要图片格式的文件，文件大小不超过 2MB。

1）上传图片表单页面代码如下：

```
<form action="uploadfile.php" method="post" enctype="multipart/form-data">
<label for="file">选择图片文件:</label >
<input type="file" name="file" id="file" />
<br>
<input type="submit" name="submit" value="提交图片" / >
</form>
```

2）上传图片处理的 PHP 页面代码如下：

```
<?php
if((($_FILES["file"] ["type"] == "image/gif")||($_FILES["file"] ["type"] == "image/ jpeg")||
($_FILES["file"]["type"] == "image/pipeg")||($_FILES["file"]["type"] == "image/png"))&& ($_FILES
["file"]["size"] < 200000)){
if($_FILES["file"]["error"] > 0){//如果图片上传不成功,为 0 代表上传成功
echo "Error: " . $_FILES["file"]["error"] . "<br>";
}
else
{
echo "上传文件名:". $_FILES["file"]["name"] . "<br />";
echo "上传文件类型:". $_FILES["file"]["type"] . "<br />";
echo "上传文件大小:". ($_FILES["file"] ["size"] / 1024)."Kb<br />";
echo "上传文件临时存储:".$_FILES["file"]["tmp_name"];//存放的临时文件
//如何复制文件
//首先判断文件夹中是否存在相同上传文件
if(file_exists("upload/" .$_FILES["file"]["name"])){
echo $_FILES["file"]["name"] ."已存在,请重新上传。 ";
}
else
{
move_uploaded_file($_FILES["file"] ["tmp_name"],"upload/".$_FILES["file"] ["name"]);
echo "<br>文件保存位置:". "upload/" .$_FILES["file"] ["name"]."<br>";
}}}
else{
```

```
echo "<br>非图片类型文件,请勿上传! ";
}
?>
<input name="pic" type="image" src="<? echo "upload/" .$_FILES["file"] ["name"]; ?>"/>
```

【运行结果】PHP 页面上传图片文件，运行效果如图 5-10 所示。

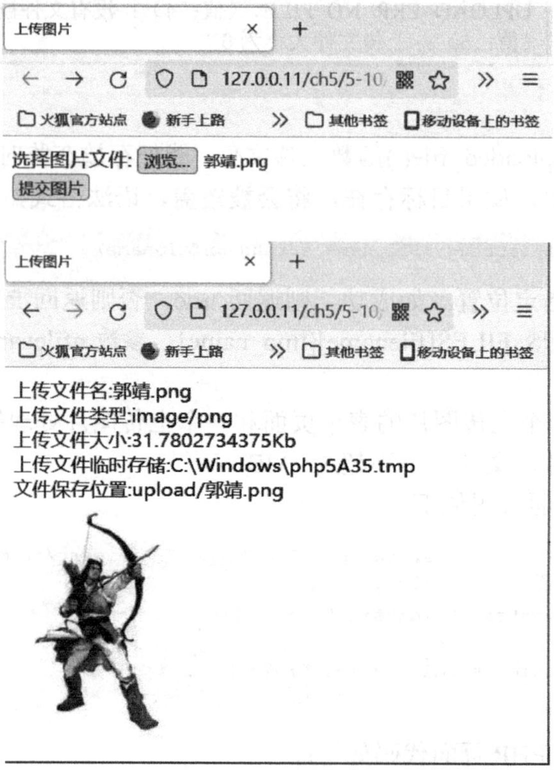

图 5-10　PHP 页面上传图片文件的运行效果

【注意】表单上传时，method 属性必须为 post；enctype 属性必须为"multipart/form-data"（它表示上传二进制数据），这样才能完整地上传文件数据，完成上传操作；input 标签的 type 属性必须为 file，这样服务器才会将 input 作为上传文件来处理。

小　结

本章主要介绍了系统文件类型、文件和目录的操作。我们学习了利用 PHP 程序代码实现创建目录、删除目录及浏览目录，完成文件的打开、文件读取、文件写入等操作。本章的重点是文件上传，通过使用$_FILES 数组来完成。通过学习，我们深入了解了 PHP 也可以使用文件来存储数据，完成 Web 系统的底层功能，对文件创建的操作包括文件的属性、对文件打开和关闭及读写文件的内容等。

上机习题

1. 在 D 盘下用 mkdir()函数创建一个目录“我的 PHP 文件夹”。

2. 在习题 1 目录下，创建一个“poem.txt”文件，在该文件中写入以下内容：

白日依山尽，
黄河入海流。
欲穷千里目，
更上一层楼。

3. 制作上传表单的页面，编写一段程序把“poem.txt”文件上传并存放到站点 upload 文件夹里。

第 6 章

PHP Web 页面交互

进入互联网时代，我们无时无刻都身处网络世界中，网络已经深度融入我们生活、工作的方方面面，我们几乎已经不能适应没有网络的工作和生活方式。作为计算机类专业的学生都应该了解与网络相关的知识，比如网络通信、网站建设、网页设计等，了解了这些技术的基本原理和方法，掌握必要的 Web 开发技能。本章将结合 PHP 编程方法来学习 Web 动态网页设计、页面交互的基础知识。

PHP Web 页面交互是 PHP Web 应用开发的基础，在 PHP 中有两种 Web 页面交互的方法，一种是通过 Web 表单提交数据，一种是通过 URL 参数传递。

6.1 表单页面设计

Web 表单的功能是让浏览者和网站有一个互动的平台，主要用来在网页中发送数据到服务器。例如，提交注册信息时，当用户填写完信息后执行提交操作，将表单中的数据从客户端的浏览器传送到服务器端，经过服务器端 PHP 程序进行处理后，再将用户所需要的信息传递回客户端的浏览器上，从而获取用户信息，使 PHP 与 Web 表单实现交互。

6.1.1 表单结构

表单结构

表单标签的语法格式：

```
<form name="formname" action="URL" enctype="application/x-www-form-urlencoded"
method="POST|GET" target="..."> ... </form>
例如<form name="form1" action="index.php" method="post" >
……                                        //省略插入的表单元素
</form>
```

表单标记属性表 6-1 所示。

表 6-1 表单标记属性

函 数	描 述
name	表单的名称
id	表单的 ID 号
method	该属性用于定义表单中数据的提交方式，可取值为 GET 和 POST 中的一个。GET 方法将表单内容附加在 URL 地址后面进行提交，所以对提交信息的长度进行了限制，不可以超过 8192 个字符，同时 GET 方法不具有保密性，不适合处理如信用卡号等要求保密的内容，而且不能传送非 ASCII 的字符：POST 方法将用户在表单中填写的数据包含在表单的主体中，一起传送到服务器，不会在浏览器的地址栏中显示，这种方式传送的数据没有大小限制。默认为 GET 方法

（续表）

函数	描述
action	该属性定义将表单中的数据提交到哪个文件中进行处理，这个地址可以是绝对 URL，也可以是相对 URL。如果这个属性是空值则提交到当前文件
enctype	设置表单资料的编码格式
target	指定提交的结果文档显示的位置： _blank：在一个新的、无名浏览器窗口中打开指定的文档； _self：在指向这个目标元素相同的框架中打开文档； _parent：在当前框架的直接父框 FRAMESET 中打开文档，这个值在当前框没有父框时等价于_self; _top：在浏览器的顶部窗口中打开文档

【注意】 GET 与 POST 方式的区别。

- GET 方式从服务器上获取数据，POST 方式向服务器传送数据。
- GET 方式把参数数据队列加到提交表单的 ACTION 属性所指的 URL 中，值和表单内各个元素一一对应，在 URL 中可以看到；而 POST 方式通过 HTTP POST 机制，将表单内各个元素与其内容放置在 HTML HEADER 内一起传送到 ACTION 属性所指的 URL 地址，用户看不到这个过程。
- 对于 GET 方式，服务器端用 Request.QueryString 获取变量的值，对于 POST 方式，服务器端用 Request.Form 获取提交的数据。
- GET 传送的数据量较小，不能大于 2KB；POST 传送的数据量较大，一般默认为不受限制。
- 在提交表单时，如果不指定 method 属性值，则默认为 GET 请求，form 中提交的数据将会附加在 URL 之后，以“?”与 URL 分开。字母数字字符原样发送，但空格转换为“+”号，其他符号转换为%XX，其中 XX 为该符号的十六进制数的 ASCII 值。GET 请求提交的数据放置在 HTTP 请求协议头中，而 POST 提交的数据则放在实体数据中。
- GET 安全性非常低，POST 安全性较高。

6.1.2 表单基本元素

表单（form）由表单元素组成。常用的表单元素包含输入域标签<input>、选择域标签<select>和<option>、文本域标签<textarea>等，接下来我们一起学习表单元素。

1. 输入域标签<input>

输入域标签<input>是表单中最常用的标记。常用的文本域、按钮、单选按钮、复选框等构成一个完整的表单。其语法格式如下：

```
<form>
<input type="type_name" name="field_name" id="ID" />
</form>
```

其中，属性 name 是指输入域的名称，属性 type 是指输入域的类型，属性 id 是指输入域的 ID。在<input type="">标签中一共提供了 10 种类型的输入域，用户所选择使用的类型由 type 属性指定。

（1）input 标签 type 属性包含多种类型输入域，具体属性描述见表 6-2。

表 6-2　input 标签 type 属性

值	描述
Button	定义可单击按钮（多数情况下，用于通过 JavaScript 启动脚本）
Checkbox	定义复选框
File	定义输入字段和“浏览”按钮，供文件上传
Hidden	定义隐藏的输入字段
Image	定义图像形式的提交按钮
Password	定义密码字段。该字段中的字符被掩码
Radio	定义单选按钮
Reset	定义重置按钮。重置按钮会清除表单中的所有数据
Submit	定义提交按钮。提交按钮会把表单数据发送到服务器
Text	定义单行的输入字段，用户可在其中输入文本。默认宽度 20 个字符

（2）value 属性。该属性用于设置每个<input>标签的初始值，作为相应表单元素的初始值显示在页面上，用户通过浏览器打开网页时，即使不对该页面中的表单做任何输入，表单中的元素也会显示这个初始值。

（3）disabled 属性。如果在<input>标签中加入此属性，那么被设置为 disabled 属性的元素的值将不能被输入和修改。

（4）readonly 属性。readonly 属性与 disable 属性唯一的不同就是，用 readonly 设置的表单元素仍然可以被用户激活，但不能被修改。

（5）checked 属性。checked 属性是在页面加载时被预先选定的 input 元素，它与<input type="checkbox">或<input type="radio">配合使用，checked 属性也可以在页面加载后，通过 JavaScript 代码进行设置。

2. 选择域标签<select>和<option>

选择域标签用于创建列表或菜单。列表可以显示一定数量的选项，如果超出该数量，会自动出现滚动条，浏览者可以拖动滚动条来查看各选项。菜单可以节省空间，正常状态下只显示一个选项，单击右侧的下三角按钮，可以展开菜单项看到全部选项，如图 6-1 所示。

【实例 6-1】选择域标签 select 应用示例。

代码如下：

```
<select name="select" size="3" multiple="multiple">
    <option value="v1">选项 1</option>
    <option value="v2">选项 2</option>
    <option value="v3">选项 3</option>
</select>
<select name="select">    //将<select>标签中的 size 和 multiple 属性删除,标记显示为菜单方式
    <option value="v1">选项 1</option>
    <option value="v2">选项 2</option>
    <option value="v3">选项 3</option>
</select>
```

【注意】参数 name 表示选择域名称；参数 size 表示列表行数；参数 value 表示列表选项值；参数 multiple 表示以列表方式显示数据，省略则以菜单方式显示，如果没有该属性，就

是单选。<option>标签的 selected 属性表示该选项被选中状态，默认未选中；value 属性可以使下拉列表框中显示的内容和提交的内容分离开来，被选中提交的项的值就是由 value 指定的。

选择域标签 select 应用效果如图 6-1 所示。

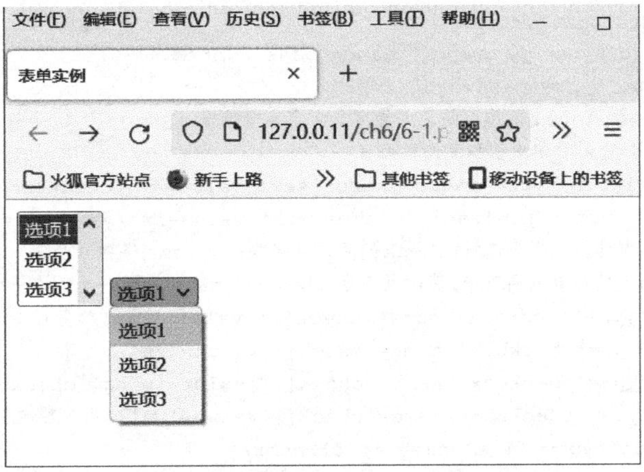

图 6-1　选择域标签 select 应用效果

3. 文本域标签<textarea>

<textarea></textarea>标签为文本域标签，用于制作多行文本框，可以让用户输入多行文本。其语法格式如下：

```
<textarea name="t name" cols="70" rows="5" wrap="value">
………
</textarea>
```

参数 name 表示文本域名称；cols 表示文本域列数；rows 表示文本域行数（cols 和 rows 都以字符为单位）；wrap 用于设定文本换行方式（值为“soft”表示不自动换行，值为“hard”表示移动硬回车换行），换行标签一同被发送到服务器，输出时也会换行，disabled 表示不起作用，无法选择，灰色状态；readonly 表示可以选择，但无法修改。

【实例 6-2】 form 表单元素的应用示例。

代码如下：

```
<html>
    <head>
        <meta charset='utf-8'>
        <title>表单实例</title>
    </head>
<body>
    <h1>表单的基本使用</h1>
    <!--GET 与 POST 的区别：
    1.一个是显式 GET,会将你提交的数据显示在地址栏中,不安全,一个是隐式 POST,会隐藏参数
    2.一个携带的数据量小 GET: 128KB,一个携带的数据量大 POST:2M-->
    <!--编码格式 enctype 编码格式是定死的 上传文件视频音频时使用 一定要写上
    让浏览器识别,写上后它才能把这个放在请求头里面响应-->
    <form action='./05-form.php' method='post' enctype='multipart/form-data'>
        <!--text 文本标签 服务器在你提交的时候看到的是 name 和 value,
        在你输入之后会默认地把新输入的内容放到 value 里面,
        服务器获取 name 对应的值 value,
```

```
        placeholder 是你什么都不输入显示在文本框中的内容
        maxlength 是输入的最大长度,
        size 表示输入框的长度
        一般写为 style='width:200px;',
        autofocus 移动光标自动显示在用户名上,提示你在这里输入-->
        用户名:<input type='text' name='uname'  value='' placeholder='请输入用户名' maxlength= '6'
style='width:100px;' autofocus/><br/>
        密  码: <input type='password' name='pass'><br/>
        确认密码:<input type='password'/><br/>
        <!--radio 单选框,label 的作用是单击男字或女字也有效果
        checked 默认选中,对于单选框和复选框而言-->
        性别:<label><input type='radio' name='sex' value='m' checked/>男</label>
            <label><input type='radio' name='sex' value='w'/>女<br/></label>
        <!--checkbox 复选框或者多选框,check[]可以只接收一个 name 得到 4 个值
        可以分别把 value 的值放入列表中,然后服务器只接收一个 name 就好-->
        爱好:<input type='checkbox' name='check[]' value='lan'/>篮球
            <input type='checkbox' name='check[]'value='zu'/>足球
            <input type='checkbox' name='check[]' value='ping' checked/>乒乓球
            <input type='checkbox' name='check[]'value='yu'/>羽毛球<br/>
        文件上传:<input type='file' name='pic'/><br/>
        籍贯:<select name='city'>
                    <!--option 选项的意思-->
                    <option value='hb'>河北</option>
                    <option value='bj'>北京</option>
                    <!--selected 起始默认选中,对于下拉框而言-->
                    <option value='sd' selected>山东</option>
                    <!--disabled 你怎么选也选不中,变灰---->
                    <option value='hn' disabled>河南</option>
            </select><br/>
        <!--resize:none 文本框不能被自由地扩大和缩小,
        rows 表示文本框的高度也就是行数,cols 代表的就是宽度也就是列数-->
        内容:<textarea name='areas' style='resize:none' rows='5' cols='40'>
            </textarea>
        <br/>
        <input type='submit' value='注册'/>
        <input type='button' value='按钮'/><!--没有提交功能-->
        <!--图片的方式提交 H5 基本没有使用-->
        <input type='image' src='./post.png' width='40' height='18'/>
        <!--button 这里面可以套一个背景图, 很多功能都可以实现 常用的-->
        <button>点击按钮</button>
        <!--reset 把先前写过的东西清空掉-->
        <input type='reset' value='重置'/>
        <!--这里有点不动还需再看一下-->
        隐藏域:<input type='hidden' name='id' value='100'/>
    </form>
     <!--放在 form 外面没有提交功能-->
     <button>点击按钮</button>
</body>
</html>
```

【运行结果】form 表单元素的应用，运行效果如图 6-2 所示。

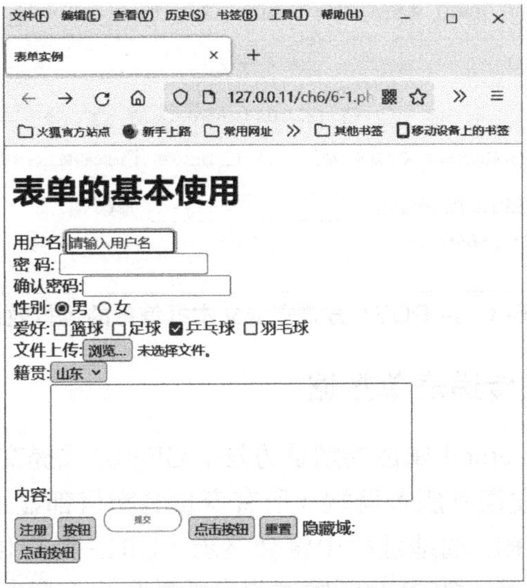

图 6-2　form 表单 input 标签的应用运行效果

6.2　表单提交及传递数据方式

表单数据传递

表单提交的方式有两种：GET 和 POST。采用哪种方式由<form>表单的 method 属性指定。

6.2.1　用 POST 方式传递表单数据

用 POST 方式提交表单，只需要将<form>表单的 method 属性设置为 POST 即可。通过 POST 方式从表单发送的信息对其他人是不可见的（所有名称/值会被嵌入 HTTP 请求的主体中），并且对所发送信息的数量也无限制。不过，由于变量未显示在 URL 中，也就无法将页面添加到书签。POST 方式比较适合发送一些需要保密或容量较大的数据到服务器。

【实例 6-3】 创建一个表单，并用 POST 方式提交文本框信息。

代码如下：

```
<form name="form1" method="post" action="6-3.php">
<table width="400" border="0" cellpadding="0" cellsoacing="0"<tr>
<td height="30">  请输入电话号码:
<input type="text" name="phone" size="26">
<input type="submit" name="submit" value="提交"</td>
</tr>
</table>
</form>
<?
echo $_POST['phone'];
?>
```

【代码解析】form 表单的 method 属性指定了 POST 方式的传递方式，action 属性指定了数据处理页为 6-3.php。所以当单击“提交”按钮后，即提交文本框的信息到服务器，地址栏中并不显示参数，

【运行结果】创建一个表单，并用 POST 方式提交文本框信息，运行效果如图 6-3 所示。

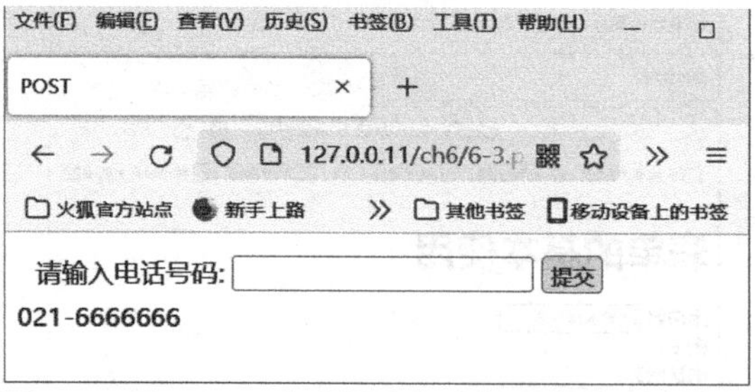

图 6-3　用 POST 方式提交文本框信息的运行效果

6.2.2　用 GET 方式传递表单数据

GET 是<form>表单中 method 属性的默认方法。GET 方式提交的表单数据被附加到 URL 上，并作为 URL 的一部分发送到服务器端（所有变量名和值都显示在 URL 中）。不过，由于变量显示在 URL 中，在 URL 的地址栏中将会显示“URL+用户传递”的参数，这样页面添加到书签中也更为方便。另外，GET 对所发送信息的数量也有限制，URL 的数据量应该限制在 1MB 以内。如果发送的数据量太大，数据将被截断，从而导致意外或失败的处理结果。因此，GET 方式用于传送小数据量和非敏感信息。

使用 GET 方式传递参数的格式如下：

```
http://www.phpxx.com/login.php?name=hongqigong&password=123456
```

URL 为表单响应地址，name 和 password 为表单元素的名称，hongqigong 和 123456 为表单元素的值。URL 和表单元素之间用“?”隔开，多个表单元素之间用“&”隔开。

【实例 6-4】创建一个表单，并用 GET 方式提交名字和年龄。

代码如下：

```
<html>
<head>
<meta charset="utf-8">
<title>GET</title>
</head>
<body>
<form action="6-4.php" method="get">
名字: <input type="text" name="fname">
年龄: <input type="text" name="age">
<input type="submit" value="提交">
</form>
</body>
</html>
```

【运行结果】用 GET 方式提交名字和年龄，运行效果如图 6-4 所示。

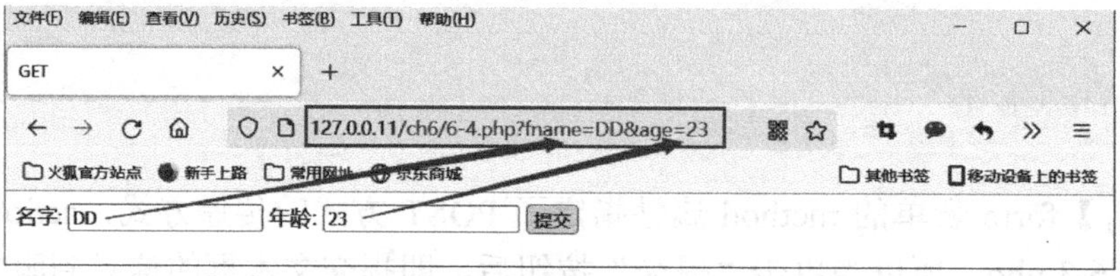

图 6-4　用 GET 方法提交名字和年龄的运行效果

6.3 获取表单及服务器端数据

PHP 获取表单数据及服务器端参数值的方式有 3 种：$_POST[]、$_GET[]和$_SESSION[]，分别用于获取表单、URL 和 Session 变量的值。

6.3.1 $_GET[]方式获取表单数据

获取表单数据

$_GET 变量用于收集来自 method="get"表单中的数据。$_GET 是一个数组变量，内容是由 HTTP GET 方法发送的变量名称和值。$_GET 变量用于收集来自 method="get"表单中的值。用 GET 方法发送表单的数据，所有的变量名和值都会显示在 URL 中，并且发送的数据最多不超过 100 个字符，建议在发送敏感数据时，不要使用 GET 方式。$_GET[]变量的使用如实例 6-5 所示。

【实例 6-5】 创建一个表单，并用$_GET 方式获取信息。

代码如下：

```
<form action="6-5.php" method="get">
武侠<input type="text" name="hero" size="15"/>
<br>
级别<input type="text" name="grade" size="15"/>
<br>
绝技<input type="text" name="kongfu" size="15"/>
<br>
<input type="submit" value="提交"/>
</form>
<?php
if($_GET['hero']){
echo "武侠".$_GET ['hero']."武功级别是".$_GET['grade']."级,他的绝技是: ".$_GET['kongfu'];
}
?>
```

【运行结果】创建一个表单，并用$_GET 方式获取信息，运行效果如图 6-5 所示。

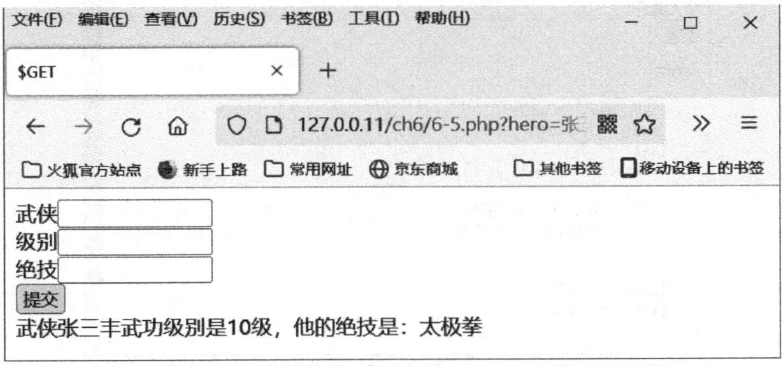

图 6-5 用$_GET 方式获取信息的运行效果

【注意】 在使用$_GET[]的情况下，表单的 method 属性值必须为 GET。

6.3.2 $_POST[]方式获取表单数据

$_POST 是一个数组变量，内容是由 HTTP POST 方式发送的变量名称和值，$_POST 变量用于收集来自 method="post"的表单元素的值，用 POST 方式发送的表单数据是不可见的，也没有数据大小的限制。$_POST[]全局数组的使用如实例 6-6 所示。

【实例 6-6】创建一个表单，用$_POST 方式获取表单信息。

代码如下：

```
<form action="b.php" method="post">
用户名：<input type="text" name="username"><br />
密码：<input type="password" name="pwd"><br />
性别：<input type="radio" name="sex" value="男">男<input type="radio" name="sex" value="女">女<br />
爱好：<input type="checkbox" name="hobby['sing']" value="唱歌">唱歌<input type="checkbox" name="hobby['book']" value="读书">读书<input type="checkbox" name="hobby['movie']" value="电影">电影<input type="checkbox" name="hobby['tour']" value="旅游">旅游<br />
家乡：<select name="city">
<option value="北京">北京</option>
<option value="上海">上海</option>
</select><br />
个人简介：<textarea rows="5" cols="30" name="info"></textarea><br>
<!--上传照片：<input type="file" name="photo"><br />-->
<input type="submit" value="提交">
</form>
```

【运行结果】创建一个表单，用$_POST 方式获取表单信息的运行效果如图 6-6 所示。

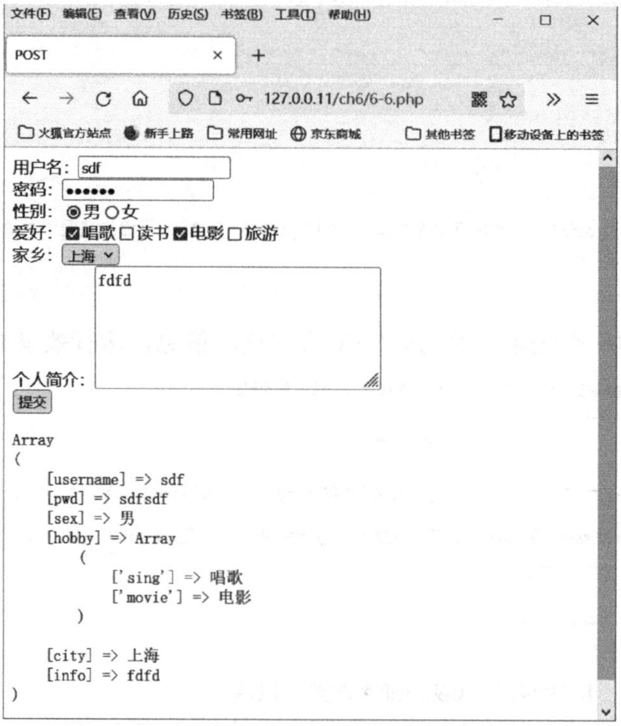

图 6-6　用$_POST 方式获取表单信息的运行效果

【注意】在使用$_POST[]的情况下，表单的 method 属性值必须为 POST。

6.3.3　$_REQUEST[]方式获取数据

PHP 中的$_REQUEST 全局数组变量包含了$_GET 数组变量、$_POST 数组变量和

$COOKIE 数组变量的所有元素；$_REQUEST 变量可用来获取通过 GET 和 POST 方式发送的表单数据。所以，在实例 6-5 和实例 6-6 中，也可以使用 S_REQUEST[]全局数组接收表单的数据。

【实例 6-7】 创建一个表单，用$_REQUEST 方式获取表单信息。

代码如下：

```
<?php
  if( $_REQUEST["name"] || $_REQUEST["age"] )
  {
      echo "Welcome ". $_REQUEST['name']. "<br />";
      echo "You are ". $_REQUEST['age']. " years old.";
      exit();  //跳出后不显示后面内容
  }
?>
<html>
<body>
  <form action="<?php $_PHP_SELF ?>" method="POST">   <!--action='$_PHP_SELF'为向本页面自身提交
-->
  Name: <input type="text" name="name" />
  Age: <input type="text" name="age" />
  <input type="submit" value="提交" />
  </form>
</body>
```

【运行结果】 创建一个表单，用$_REQUEST 方式获取表单信息，运行效果如图 6-7 所示。

图 6-7　用$_REQUEST 方式获取表单信息的运行效果

6.3.4　$_SERVER[]方式获取服务器端数据

$_SERVER 是一个包含了头信息（header）、路径（path）及脚本位置等信息的数组变量。这个变量数组中的元素是由 Web 服务器创建的，不由用户通过客户端提交。$_SERVER 数组变量包含较多元素，具体如表 6-3 所示。

表 6-3　$_SERVER 变量

变量	描述
$_SERVER['REMOTE_PORT']	端口
$_SERVER['SERVER_NAME']	服务器主机的名称
$_SERVER['PHP_SELF']	正在执行脚本的文件名
$_SERVER['argv']	传递给该脚本的参数
$_SERVER['argc']	传递给程序的命令行参数的个数
$_SERVER['GATEWAY_INTERFACE']	CGI 规范的版本
$_SERVER['SERVER_SOFTWARE']	服务器标识的字符串
$_SERVER['SERVER_PROTOCOL']	请求页面时通信协议的名称和版本

（续表）

变量	描述
$_SERVER['REQUEST_METHOD']	访问页面时的请求方法
$_SERVER['QUERY_STRING']	查询（query）的字符串
$_SERVER['DOCUMENT_ROOT']	当前运行脚本所在的文档根目录
$_SERVER['HTTP_ACCEPT']	当前请求的 Accept：头部的内容
$_SERVER['HTTP_ACCEPT_CHARSET']	当前请求的 Accept-Charset：头部的内容
$_SERVER['HTTP_ACCEPT_ENCODING']	当前请求的 Accept-Encoding：头部的内容
$_SERVER['HTTP_CONNECTION']	当前请求的 Connection：头部的内容，如“Keep-Alive”
$_SERVER['HTTP_HOST']	当前请求的 Host：头部的内容
$_SERVER['HTTP_REFERER']	链接到当前页面的前一页面的 URL 地址
$_SERVER['HTTP_USER_AGENT']	当前请求的 User_Agent：头部的内容
$_SERVER['HTTPS']	如果通过 https 访问，则被设为一个非空的值（on），否则返回 off
$_SERVER['SCRIPT_FILENAME']	当前执行脚本的绝对路径名
$_SERVER['SERVER_ADMIN']	管理员信息
$_SERVER['SERVER_PORT']	服务器所使用的端口
$_SERVER['SERVER_SIGNATURE']	包含服务器版本和虚拟主机名的字符串
$_SERVER['PATH_TRANSLATED']	当前脚本所在文件系统（不是文档根目录）的基本路径
$_SERVER['SCRIPT_NAME']	包含当前脚本的路径。这在页面需要指向自己时非常有用
$_SERVER['PHP_AUTH_USER']	当 PHP 运行在 Apache 模块方式下，并且正在使用 HTTP 认证功能，这个变量便是用户输入的用户名
$_SERVER['PHP_AUTH_PW']	当 PHP 运行在 Apache 模块方式下，并且正在使用 HTTP 认证功能，这个变量便是用户输入的密码
$_SERVER['AUTH_TYPE']	当 PHP 运行在 Apache 模块方式下，并且正在使用 HTTP 认证功能，这个变量便是认证的类型

【实例 6-8】创建一个 PHP 页面，用$_SERVER 方式获取服务器变量信息。

代码如下：

```
<?php
//$_SERVER 用例参考
echo "浏览器语言:".$_SERVER['HTTP_ACCEPT_LANGUAGE']."<br>"; //浏览器语言
echo "当前用户 IP:".$_SERVER['REMOTE_ADDR']."<br>"; //当前用户 IP 。
echo "URL 地址:".$_SERVER['REQUEST_URI']."<br>"; //URL
echo "主机:".$_SERVER['HTTP_HOST']."<br>"; //主机
echo "脚本绝对路径名:".$_SERVER['SCRIPT_FILENAME']."<br>"; //脚本绝对路径名
?>
```

【运行结果】创建一个 PHP 页面，用$_SERVER 方式获取服务器变量信息，运行效果如图 6-8 所示。

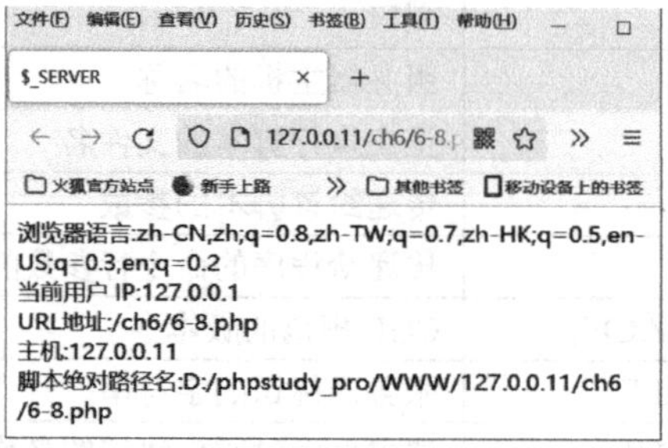

图 6-8　用$_SERVER 方法获取服务器变量信息的运行效果

6.4 会话控制

在访问购物网站时，浏览每张网页都要进行身份验证，如何验证呢？用户的登录信息如何在不同的页面间传递呢？HTTP 是无状态协议，不保存用户的信息，不能跟踪用户的行迹；PHP 变量也只是在一个文件内有效，不能跨文件引用，也不能跟踪用户，那么 PHP 服务器如何跟踪用户呢？PHP 用 Cookie 和 Session 保存用户信息，能够确保用户信息在不同页面之间传递。

6.4.1 Cookie

Cookie 是在 HTTP 协议下，服务器端脚本维护客户信息的一种方式。Cookie 是 HTTP 协议的一部分，用于浏览器和服务器之间传递信息。当客户再次访问该网站时，浏览器会自动把 Cookie 信息发送到服务器，服务器则把从客户端传来的 Cookie 自动地转化成一个 PHP 变量。在 PHP 中，Cookie 被用来跟踪用户直到用户离开网站，用户端发来的 Cookie 将被转换成全局变量$_COOKIE，可通过$_COOKIE 数组读取。

1. 创建 Cookie

用户可用 setcookie( )函数创建 Cookie。

setcookie( )函数语法结构如下：

```
  Bool setcookie(string name[,string value[, int expire[, string path[, string domain[,bool
secure]]]]]);
```

setcookie( )函数参数说明如表 6-4 所示。

表 6-4 setcookie 参数表

参数	描述
name	必需，设置 Cookie 的名称。 例如，通过$_COOKIE["user"]调用变量名为 user 的 Cookie
value	必需，设置 Cookie 的值。 例如，setcookie（"user"，"php"），可以通过调用$_COOKIE["user"]获得值 PHP
expire	可选，设置 Cookie 变量保存的时间。 通常可通过 time()函数获取当前的 UNIX 时间戳，再加上我们要保存的时间（单位为秒）。例如，setcookie（"user"，"php"，time()+3600），这样就可以保存 user 这个 Cookie 变量的时间为 3600 秒
path	可选，设置 Cookie 的服务器路径。 例如，path 设置为"/test"，那么只在 domain 下的/test 目录及子目录才有效，比如 domain 下有两个目录：test1，test2，我们设置为 setcookie（"user"，"php"，time()+3600，"/test1"），那么只有 test1 目录下才能通过$_COOKIE["user"]调用 user 这个 Cookie 变量的值，test2 目录下获取不到
domain	可选，设置 Cookie 的域名。 例如，如果 domain，设置为 google.com，那么在 google.com 下的所有子域都有效
secure	可选，设置是否通过安全的 HTTPS 连接来传输 Cookie，值为 0 或 1，如果值为 1，则 Cookie 只能在 HTTPS 连接上有效，默认值为 0，表示 Cookie 在 HTTP 和 HTTPS 连接上都有效

【注意】

● 每个客户端都有独立的 Cookie 存储位置，且 Cookies 文件夹默认是隐藏的，要先设置其显示才能看到，在 Windows 7 中通常存储在如下位置：C:\Users\用户名\AppData\Roaming\MicrosoftWindows\Cookies。

● 如果未设置失效时间，则在关闭浏览器时自动删除 Cookie 数据。如果已设置失效时间，则浏览器会记住 Cookie 数据，即便重启计算机，只要没到失效时间，再访问网页时也会得到 Cookie 数据。

2. 读取 Cookie

在 PHP 中读取客户端浏览器 Cookie 值是通过超级全局数组$_COOKIE[]来完成的。

3. 删除 Cookie

创建 Cookie 后，如果没有设置其失效时间，Cookie 文件会在关闭浏览器时自动删除。如果要在关闭浏览器之前删除 Cookie 文件，只需将 setcookie( )函数的第二个参数设置为空值，将第 3 个参数 Cookie 的过期时间设置为小于系统的当前时间即可。

将 Cookie 的过期时间设置为当前时间减 1 秒，代码如下：

```
setcookie("cookie_name","",time( )-1);
```

time( )函数返回以秒表示的当前时间戳，把当前时间减 1 秒就得到过期时间，从而删除 Cookie。

【实例 6-9】设置名称为 time 的 Cookie 保存系统当前时间，判断 time 的值是否存在确定，是否第一次访问网页，并利用单击超链接的方式删除该 Cookie。

代码如下：

```
<?php
date_default_timezone_set("Etc/GMT-8");   //设置时区为格林威治标准时间
if(!isset($_COOKIE["time"])){   //如果 Cookie 不存在
setcookie("time",date("y-m-d H:is"));   //设置一个 Cookie 变量
echo "欢迎您访问网站！您是初次访问本网站！"."<br>";//输出字符串
}
else{   //如果 Cookie 存在
setcookie("time",date("y-m-d H:i:s"),time()+3600); //设置带 Cookie 失效时间的变量
echo "您上次访问网站的时间是: ".$_COOKIE["time"]; //输出上次访问网站的时间
echo "<br>";  //输出回车符
}
if($_GET["action"]=="del_cookie"){
setcookie("time","",time()-1);
echo "<script>alert('删除 cookie:$_COOKIE[time]');window.location.href='6-9.php';</script>";
}
echo "<a href='".$_SERVER['PHP_SELF']."?action=del_cookie'>删除 cookie</a>";
?>
```

【运行效果】设置、读取和删除 Cookie 的运行效果如图 6-9 所示。

(a)　　　(b)

图 6-9　设置、读取和删除 cookie 的运行效果

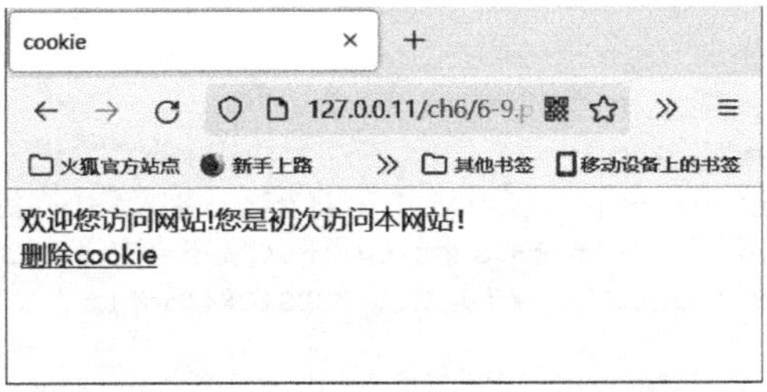

（c）

图 6-9　设置、读取和删除 cookie 的运行效果（续）

6.4.2　Session

Session

Session 同样是用来存储访问者的信息，但是两者的不同之处在于 Cookie 是将访问者的信息存储在客户端，而 Session 是将访问者的信息存储在服务器端。从客户打开浏览器输入网址访问网站的页面开始，到客户关闭浏览器的这个期间就是一个 Session，在这个会话期间，关闭浏览器即关闭了一个会话。

1. 创建 Session

创建 Session 需要先启动 Session，然后使用 Session 变量存储访问者的信息，此后就可以在多个 PHP 脚本页中使用这些变量和值。

1）启动 Session

session_start( )函数用于初始化 Session，调用这个函数，标志着 Session 生命周期的开始。在使用这个函数之前，浏览器不能有任何内容的输出，比如空格、空行、HTML 标签等，语法格式如下：

```
bool session_start( void );
```

2）存储 Session

Session 的值保存在$_SESSION 数组中，$_SESSION 是一个全局变量，映射了 Session 生命周期内的 Session 数据，保存在内存里。在初始化 Session 的时候，从 Session 文件中读取数据，填入该变量；在 Session 生命周期结束时，将$_SESSION 数据写回 Session 文件。

2. 使用 Session

使用 Session 变量很简单，只需要判断会话变量是否存在，如果不存在就要创建它；如果存在就可以用数组$_SESSION 访问该 Session 变量。

3. 删除 Session

删除 Session 数据，可以使用 unset( )或 session_destroy( )函数。

```
unset($_SESSION[key]); //删除某个元素。
$_SESSION=array( );   //删除所有 Session 变量。
session_destroy( ); 删除保存 Session 数据的文件。
session_distroy( )方法只是删除了服务器端的 Session 文件，并不会释放内存中的
```

$_SESSION 变量，如果我们在 session_distroy()后，用 var_dump（$_SESSION）函数，仍然可以看到 Session 的输出。因此如果想完全释放 Session，必须使用$_SESSION=array()。

【实例 6-10】用 Session 显示第几次访问网页，并设置删除 Session 超链接，单击该超链接，删除 Session，并将访问次数清零。

代码如下：

```
<?php
session_start() ;    //启动 session
$_SESSION['website']=$_SERVER['PHP_SELF'];    //将 URL 地址保存到 session 数组
if(isset($_SESSION['no'])){      //判断$_SESSION['no']是否为空,$_SESSION['no']保存页面访问量
$_SESSION['no']=$_SESSION['no']+1;  //不为空,$_SESSION['no']自加 1
}
else{
$_SESSION['no']=1;   //为空,$_SESSION['no']赋值 1
}
echo "第".$_SESSION['no']."次访问网站".$_SESSION['website'];    //显示第几次访问
echo "<br/>";
if($_GET["action"]=="del_session"){   //判断是否单击了删除 session 超链接
unset($_SESSION['no']);      //如果单击了删除 session,则删除$_SESSION['no']和$_SESSION['website']
unset($_SESSION['website']);
echo "<script>alert('删除 session: SESSION[no]和 SESSION[website]');window.location.href=
'6-10.php';</script>";     //弹出提示窗口,提醒用户是否删除 session
}
echo "<a href='".$_SERVER['PHP_SELF']."?action=del_session'>删除 session</a>";     //删除
session 超链接
?>
```

【运行结果】设置、读取和删除 Session 实例的运行效果如图 6-10 所示。

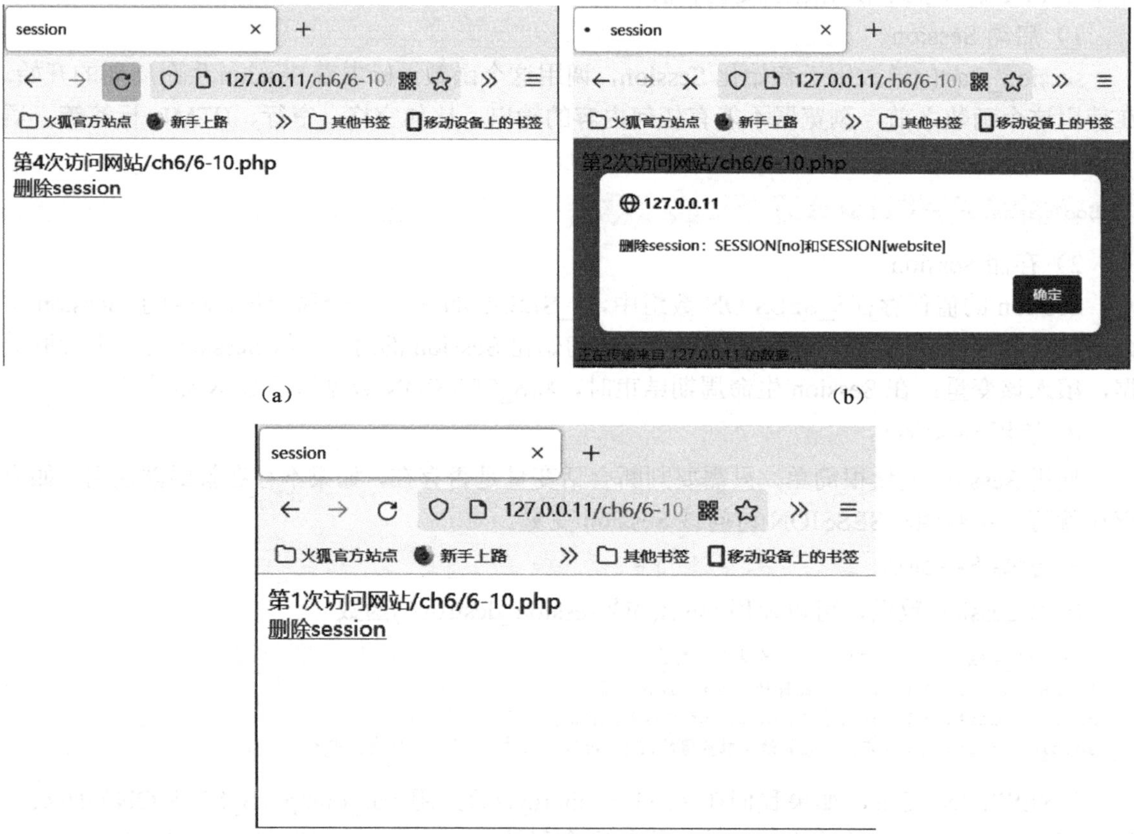

（a）　（b）　（c）

图 6-10　设置、读取和删除 Session 实例的运行效果

小 结

本章主要讲述的内容有：HTML 常用的表单元素（input、radio、checkbox、select 等），PHP 中的$_GET、$_POST、$_SERVER 等方法获取表单及服务器端信息。通过案例的学习，本章全面讲解了 HTML 表单元素及$_GET、$_POST、$_SERVER 变量。通过本章的学习，要求熟练掌握表单元素的使用，理解 PHP 中$_GET、$_POST、$_SERVER 变量的含义并掌握它们的使用方法，熟练并灵活应用本章所讲的各个网页元素进行基础动态网页的设计，实现客户端和服务器端交互的过程。

上机习题

1. 利用 PHP 和 HTML 中的 form 表单对象制作用户注册页面，用户注册页面如图 6-11 所示，这是一个使用表单元素设计的静态页面。用户输入数据后将数据提交给另一个页面（register.php），在这个页面中完成将用户数据显示在本页中的操作。

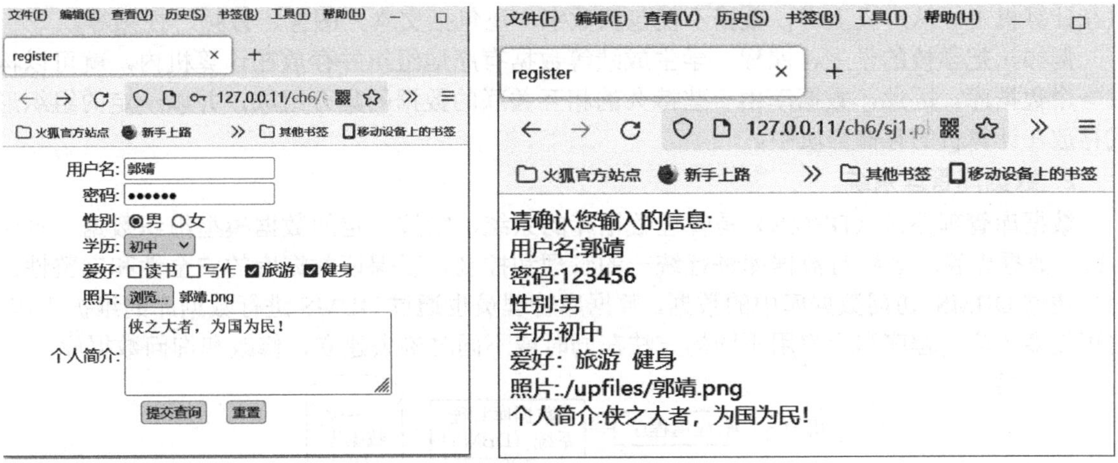

（a）　　　　　　（b）

图 6-11　用户注册页面和提交之后显示页面

2. 设计一个登录页面，要求能够对用户输入的账号和密码进行数据验证，要求当用户输入账号为 admin，密码为 boss 时，才能验证通过，在页面中显示“登录成功，欢迎 admin 用户！”；否则显示“登录失败，请重新登录！”。

3. 设计一个页面，通过$_SERVER[]变量获取服务器 IP 地址、URL 地址、客户端连接主机所用到的端口和脚本文件所在根目录等信息。

第 7 章

PHP 操作数据库

以前章节中我们已经系统学习了 PHP 的使用，但在实际的网站制作过程中，经常需要处理大量的数据，如用户的账号、密码、留言等信息，这就需要使用数据库来存储这些数据。PHP 支持多种数据库，从 SQL Server、MySQL 到大型的 Oracle 等，但和 PHP 配合最为密切的还是新型的网络数据库 MySQL。本章将介绍 MySQL 数据库的基础知识、MySQL 数据库的基本操作及 PHP 操作 MySQL 数据库的相关知识。

1. 数据库

数据库（DB）是存放数据的仓库，只不过这些数据存在一定的关联，并按一定的格式存放在计算机上。从广义上讲，数据不仅包括数字，还包括文本、图像、音频、视频等。

例如，把学校的学生、课程、学生成绩等数据有序地组织并存放在计算机内，就可以构成一个数据库。因此，数据库由一些持久的相互关联的数据的集合组成，并以一定的组织形式存放在计算机的存储介质中。

2. 数据库管理系统

数据库管理系统（DBMS）是管理数据库的系统，它按一定的数据模型组织数据（见图 7-1）。数据库管理系统对数据库进行统一的管理和控制，以保证数据库的安全性和完整性。用户通过 DBMS 访问数据库中的数据，数据库管理员也通过 DBMS 进行数据库的维护工作。它可使多个应用程序和用户用不同的方法在同时或不同时刻去建立、修改和询问数据库。

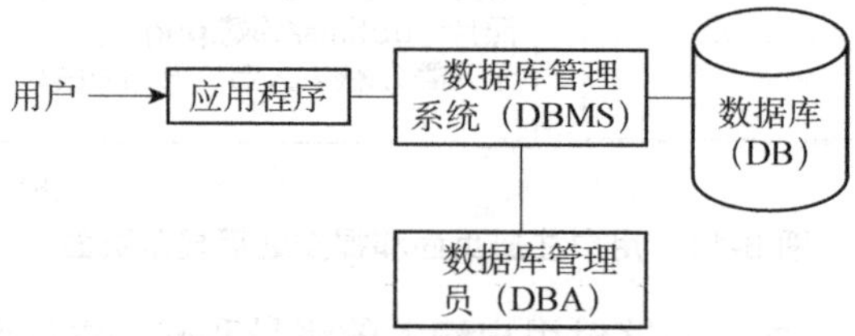

图 7-1　数据库系统结构

DBMS 应提供如下功能：

- 数据定义功能，可定义数据库中的数据对象。
- 数据操纵功能，可对数据库表进行基本操作，如插入、删除、修改、查询。
- 数据的完整性检查功能，保证用户输入的数据应满足相应的约束条件。
- 数据库的安全保护功能，保证只有赋予权限的用户才能访问数据库中的数据。
- 数据库的并发控制功能，使多个应用程序可在同一时刻并发地访问数据库的数据。
- 数据库系统的故障恢复功能，使数据库运行出现故障时进行数据库恢复，以保证数据库可靠运行。
- 在网络环境下访问数据库的功能。

● 方便、有效地存取数据库信息的接口和工具。编程人员通过程序开发工具与数据库的接口编写数据库应用程序。数据库管理员（DBA）通过提供的工具对数据库进行管理。

数据库管理系统根据数据模型对数据进行存储和管理。其中主流数据库管理系统主要采用的是关系模型对数据库进行管理。

关系模型以二维表格（关系表）的形式组织数据库中的数据，这和日常生活中经常用到的各种表格形式上是一致的，一个数据库中可以有若干张表。

表格中的一行称为一个记录，一列称为一个字段，每列的标题称为字段名。如果给每个关系表取一个名字，则有 *n* 个字段的关系表的结构可表示为：关系表名（字段名 1，…，字段名 *n*），构成了关系表的基本结构。

在关系表中，如果一个字段或几个字段组合的值可唯一标识其对应记录，则称该字段或字段组合为键（主键）。

数据库及其表结构如图 7-2 所示。

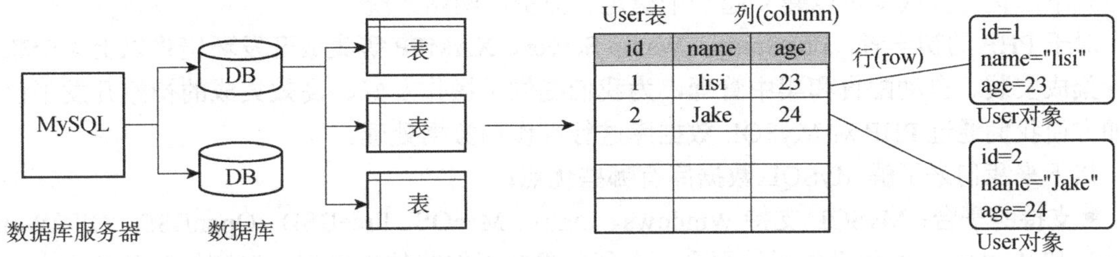

图 7-2 数据库及其表结构

3. SQL 数据库语言

SQL（Structured Query Language，结构化查询语言）是一种数据库查询语言和程序设计语言。它是一种关系型数据库语言，主要用于管理数据库中的数据，如存取数据、查询数据、更新数据等。SQL 语言具有强大的查询功能，同时具有数据定义和数据控制功能，是集数据定义、数据查询和数据控制于一体的关系数据语言。目前，绝大多数主流数据库管理系统都支持 SQL 语言，如 SQL Server、DB2、Sybase、Oracle、MySQL 和 Access 等。

SQL 语言简洁、方便、实用，为完成其核心功能，通过 SELECT、CREATE、INSERT、UPDATE、DELETE、GRANT（REVOKE）命令完成了对数据库的操作。目前，SQL 是应用最广的关系型数据库语言。

7.1 MySQL 数据库

在用户访问 Web 站点页面时，通常需要查询大量数据，对服务器数据进行添加、修改或删除等操作，例如，用户通过购物网站购买一件商品，在提交商品订单时，实际上就是对网站后台的订单数据库增加了一条订单记录，显然通过简单的 Web 页面是无法保存和处理大数据量的信息的，这就需要利用 Web 页面通过访问和操作数据库来实现这些功能。我们利用 PHP 和 MySQL 数据库的关联应用，恰恰体现了 Web 页面用户访问方便与数据库强大处理功能的有效结合，接下来通过详细学习 PHP 管理 MySQL 数据库的知识，以及使用 PHP 操作 MySQL 数据库的基本方法。我们可以深入体会 PHP 和 MySQL 数据库的特点及优势，以及掌握 PHP 管理 MySQL 数据库的基本理论和常用技术，掌握这些基本内容之后，会对 PHP Web 网站建设开发有一个全面的认知。

7.1.1 MySQL 数据库概述

MySQL 是目前最为流行的数据库管理系统，它是一种开放源代码的关系数据库管理系统，开发者为瑞典 MySQLAB 公司，于 2008 年 1 月 16 日被 Sun 公司收购。MySQL 被广泛应用于 Internet 上的中小型网站中。由于其体积小、速度快、总体拥有成本低，尤其是开放源码这一特点，为许多中小型网站所喜爱。

由于 PHP 中由一系列标准化的内置函数方便操作 MySQL，开发者只需要用 PHP 写下几行代码，就可以轻松连接到 MySQL 数据库。PHP 还提供了大量的函数来对 MySQL 数据库进行操作，因此用 PHP 操作 MySQL 数据库极为简单和高效，这也使得 PHP+MySQL 成为目前较为流行的 Web 开发语言与数据库搭配。目前流行的网站构架是 LAMP（Linux+Apache+MySQL+PHP），采用 Linux 作为操作系统，Apache 作为 Web 服务器，MySQL 作为数据库，PHP 作为服务器端脚本解释器。由于这 4 个软件都遵循 GPL 的开放源码软件，因此，使用这种方式不用花一分钱就可以建立起一个稳定、免费的网站系统。

对于 PHP 的初学者，PhPStudy、Wamp Server、XAMPP 等集成开发环境将以上 4 个软件进行集成安装、自动配置和集中管理，为我们提供了操作友好、高效集成的初始开发平台，更加方便我们通过 PHP 对 MySQL 数据库进行操作和数据处理。

接下来我们来了解 MySQL 数据库有哪些优点：

- 支持跨平台：MySQL 支持 Windows、Linux、MacOS、FreeBSD、OpenBSD、OS/2Wrap、Solaris 和 SunOS 等多种操作系统平台。在任何平台下编写的程序都可以移植到其他平台，而不需要对程序做任何修改。
- 支持多种开发语言：MySQL 为多种开发语言提供了 API 支持。这些开发语言包括 C、C++、C#、Delphi、Eiffel、Java、Perl、PHP、Python 和 Ruby 等。
- 运行速度快：使用优化的 SQL 查询算法，有效地提高查询速度。
- 数据库存储容量大：MySQL 数据库的最大有效表容量通常由操作系统对文件大小的限制决定，而不是由 MySQL 内部限制决定的。InnoDB 存储引擎将 InnoDB 表存储在一个表空间内，该表空间的容量最大为 64TB，可由数个文件创建，可轻松处理拥有上千万条记录的大型数据库。
- 安全性高：灵活安全的权限和密码系统允许主机的基本验证。连接到服务器时，所有密码传输均采用加密的形式。
- 成本低：MySQL 数据库是一种完全免费的产品，用户可以直接从网上下载。

7.1.2 MySQL 数据库服务器启动和关闭

1. 自动启动 MySQL 数据库服务器

在安装 PhPStudy 集成开发环境时，选择 MySQL 数据库服务器的版本，如 MySQL.8.0.12。安装之后，在 PhPStudy 控制面板中，选择“开机自启 ● 启用”的启用功能，操作系统会自动将该数据库服务器设置为自动启动状态。

2. 手动启动 MySQL 数据库服务器

打开 PhPStudy 集成开发环境控制面板，单击 MySQL“启动”按钮，即可启动 MySQL 数据库服务器，如图 7-3 所示。同样，关闭 MySQL 数据库服务器，单击“停止”按钮，即可关闭 MySQL 数据库服务器。

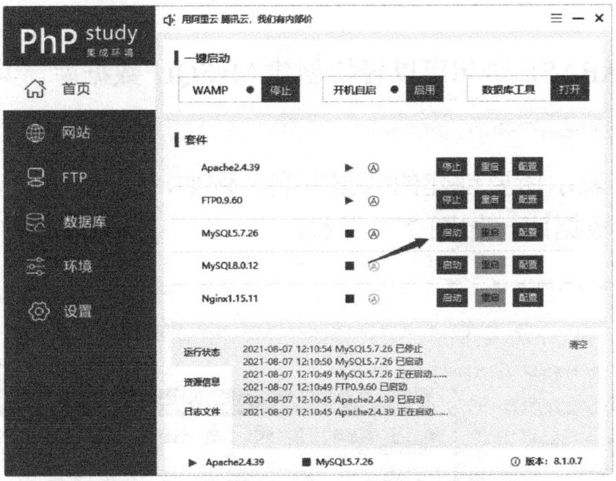

图 7-3　手动启动 MySQL 数据库服务器

7.1.3　MySQL 数据库基本操作

启动并连接 MySQL 服务器后，就可以对 MySQL 数据库进行操作，我们将具体讲解常用数据库的基本操作。

在 PhPStudy 控制面板中选择“数据库工具”下的“phpMyAdmin”选项，进入 phpMyAdmin 的首页，右边窗格如图 7-4 所示。

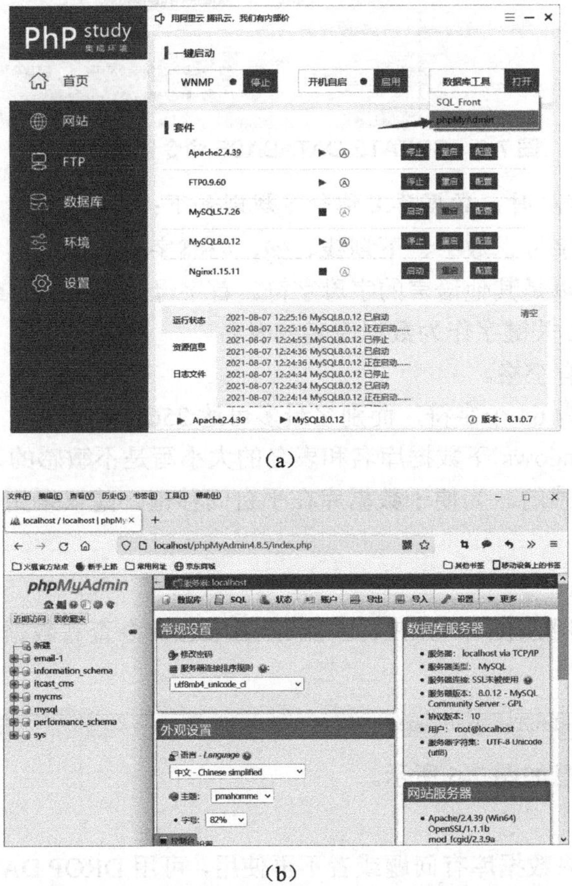

图 7-4　进入 phpMyAdmin 数据库管理页面

1. 创建数据库

使用 CREATE DATABASE 语句可以轻松创建 MySQL 数据库。其语法格式如下：

```
CREATE DATABASE database_name;
```

参数 database_name 表示所要创建的数据库名。例如，通过 CREATE DATABASE 语句创建一个名称为 db_test 的数据库，如图 7-5 所示。

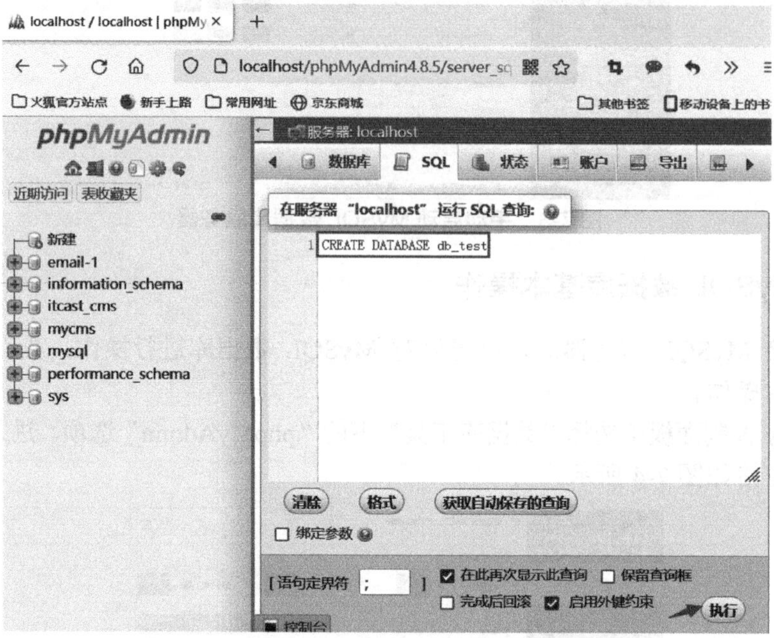

图 7-5　CREATE DATABASE 命令创建数据库

【注意】 *在创建数据库时，数据库名称命名规则如下：*

- 数据库名可以由字母、数字、下划线、@、#和$字符组成，其中，字母可以是小写或大写的英文字母，也可以是其他语言的字母字符。首字母不能是数字或$字符。
- 不能使用 MySQL 关键字作为数据库名或表名。
- 数据库名中不能有空格。
- 数据库名最长可为 64 个字符，而别名最多可达 256 个字符。
- 默认情况下，Windows 下数据库名和表名的大小写是不敏感的，而在 Linux 下数据库名和表名的大小写是敏感的。为便于数据库在平台间移植，建议采用小写形式来定义数据库名和表名。

2. 查看数据库信息

数据库创建好，可用 SHOW CREATE DATABASE 命令查看数据库定义信息，语法格式如下：

```
SHOW CREATE DATABASE database_name;
```

查看数据库定义信息如图 7-6 所示。

3. 删除数据库

数据库创建好，如果数据库有问题或者不再使用，可用 DROP DATABASE 命令删除数据库。其语法格式如下：

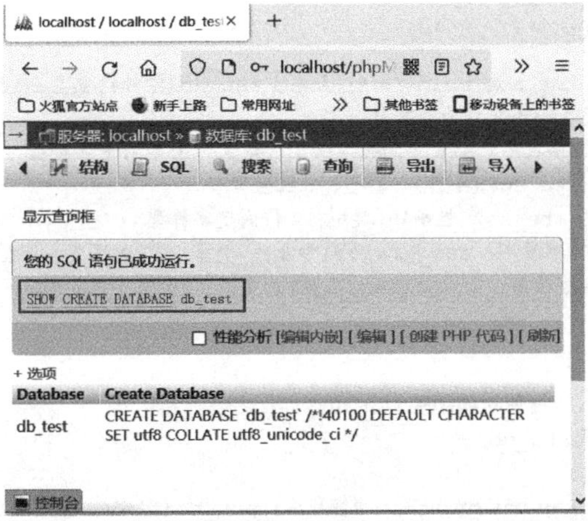

图 7-6　SHOW CREATE DATABASE 命令查看数据库定义信息

```
DROP DATABASE database_name;
```

使用 DROP DATABASE 命令删除前面创建的 db_test 数据库，如图 7-7 所示。

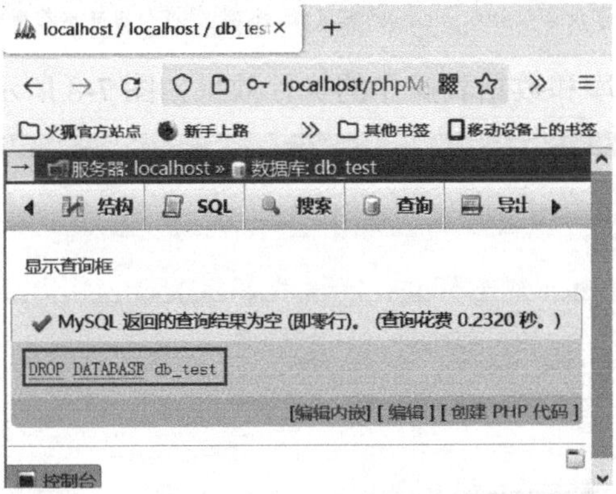

图 7-7　DROP DATABASE 命令删除数据库

7.1.4　MySQL 数据表基本操作

MySQL 数据表基本操作

表的基本操作包括创建数表、查示表结构、修改表结构、删除表等。

1. 创建表

创建表操作是进行其他表操作的基础，数据库中大量数据是以关系表的形式保存的。

在 MySQL 数据库管理系统中创建表可以使用 CREATE TABLE 语句来实现，语法格式如下：

```
CREATE TABLE table_ name
( 属性名 数据类型,
......
属性名 数据类型)
```

table_name 表示新创建的表名字，表名紧跟在关键字 CREATE TABLE 后面。

【实例 7-1】 用 SQL 语言中的 CTEATE DATABASE 命令和 CREATE TABLE 命令创建一个学生数据库（数据库名：stu_db），并在该数据库中创建一个学生基本信息表（表名：stu_info）， stu_info 表中包含如下字段：

```
stu_no char(10) primary key not null    #字段名: stu_no(学号),类型: 10位固定字符型,primary key(主关键字,唯一识别一条记录),not null(不允许为空字段)
stu_name varchar(50)    #字段名: stu_name(姓名)  类型: 50位可变字符型
stu_age int(6)  #字段名: stu_age(年龄)  类型: 6位整型
stu_sex char(2)  #字段名: stu_sex(性别)  类型: 2位固定字符型
stu_major varchar(50)   #字段名: stu_ major(专业)  类型: 50位可变字符型
stu_class varchar(50)  #字段名: stu_class(班级)  类型: 50位可变字符型
```

代码如下：

```
CREATE DATABASE stu_db;    #创建数据库 stu_db
USE stu_db;    #打开数据库 stu_db
CREATE TABLE stu_info
(stu_no char(10) primary key not null,    #字段名: stu_no(学号),类型: 10位固定字符型,primary key(主关键字,唯一识别一条记录),not null(不允许为空字段)
stu_name varchar(50),    #字段名: stu_name(姓名)  类型: 50位可变字符型
stu_age int(6),  #字段名: stu_age(年龄)  类型: 6位整型
stu_sex char(2),  #字段名: stu_sex(性别)  类型: 2位固定字符型
stu_major varchar(50),   #字段名: stu_ major(专业)  类型: 50位可变字符型
stu_class varchar(50)  #字段名: stu_class(班级)  类型: 50位可变字符型)
```

【运行结果】创建数据库和数据表操作的执行效果如图 7-8 所示。

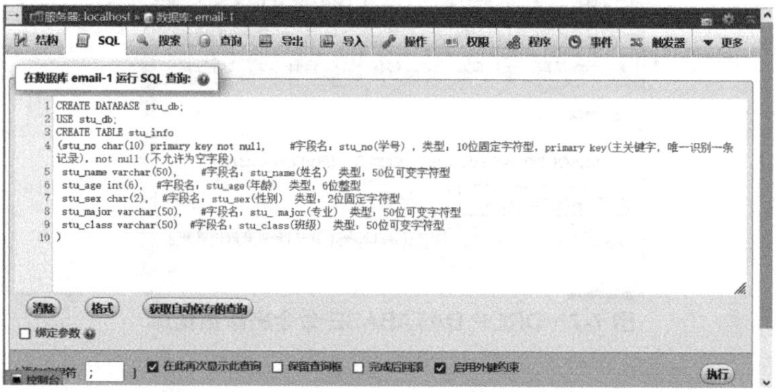

（a）

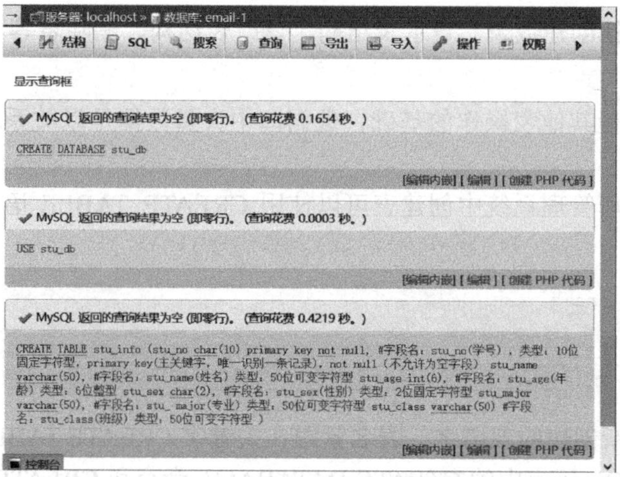

（b）

图 7-8　创建数据库和数据表操作的执行效果

【注意】在创建表之前，一定要选择数据库，否则会出现错误信息。在创建表时，如果数据库中已存在该表，也会出现错误信息。

2. 显示表结构

如需要查看数据库中表的结构，可以使用 DESCRIBE 命令来实现。语法格式如下：

```
DESCRIBE table_ name;
```

其中的 table_name 表示所要查看的表名称。

例如，“DESCRIBE stu_info;” 执行效果如图 7-9 所示。

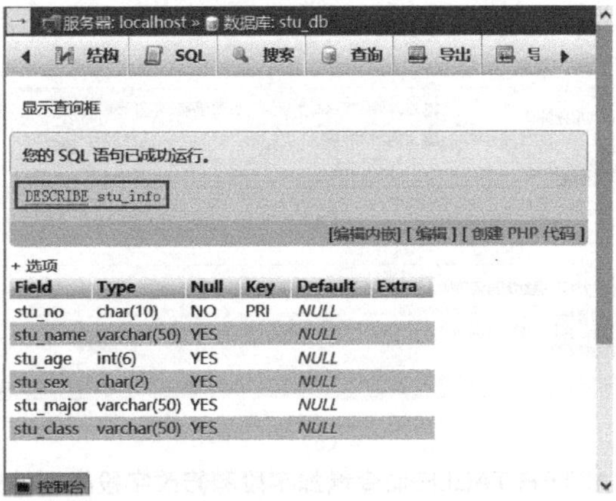

图 7-9 DESCRIBE 命令的执行效果

3. 修改表结构

修改表结构是指增加或删除字段，修改字段名或字段类型，设置或取消主键外键等。如要修改数据库中表的结构，可以使用 SQL 语句 ALTER TABLE 来实现。其语法格式如下：

```
ALTER TABLE table_ name alter spec[,alter spec].";
```

其中的 table_ name 表示所要修改的表名称，alter_ spec 子句定义要修改的内容，其语法格式如下：

```
alter [column] col name {set default literal | drop default}//修改字段名称
modify [column] create _definition//修改字段类型
add [column] create_ definition [first | after column name]//添加新字段
add index [index_ name] (index_ col name,".)//添加索引名称
add primary key (index_ col name,) //添加主键名称
add unique [index_ name] (index_ col name,) //添加唯一索引
drop [column] col name //删除字段名
drop primary key //删除主键名
drop index index name //删除索引名
```

【实例 7-2】执行 SQL 语句，在表“stu_info”中添加一个新字段 stu_addr（联系地址），类型为 varchar（50）、not null，将字段 stu_name 的类型由 varchar（50）修改为 varchar（40）。SQL 代码如下：

```
alter table stu_info
add stu_addr varchar(50) not null,
modify stu_name varchar(40);
```

【执行效果】使用 ALTER TABLE 命令增加字段和修改字段类型，执行效果如图 7-10 所示。

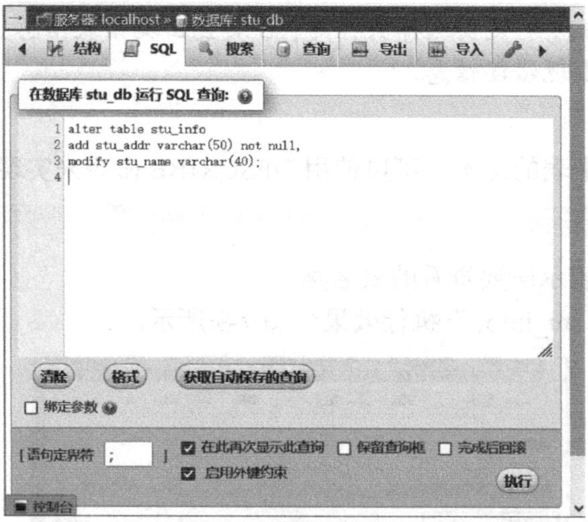

(a)

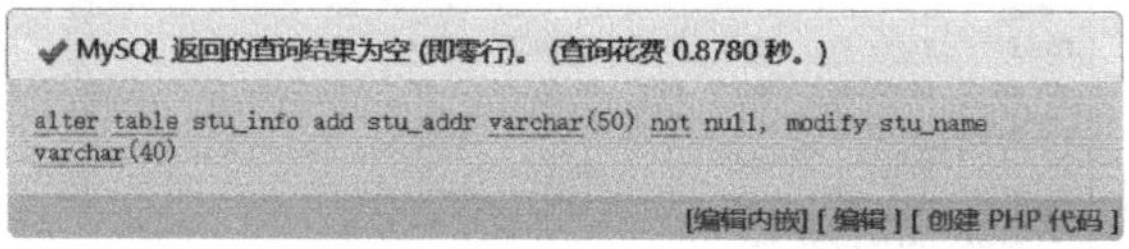

(b)

图 7-10　ALTER TABLE 命令增加字段和修改字段类型的执行效果

【注意】通过 ALTER 修改表列必须将表中的数据全部删除，确保要修改的表为空表。

4. 删除表

删除表是指删除数据库中已经存在的表。具体删除表时，会直接删除表中所保存的所有数据，所以在删除表时要特别小心。删除表可以使用 SQL 语句 DROP TABLE 来实现。其语法格式如下：

```
DROP TABLE table_ name
```

其中的 table_ name 表示所要删除的表名称，所要删除的表必须是数据库中已经存在的表。

7.1.5　MySQL 数据表中数据的增删改查语句

在 MySQL 命令行中使用 SQL 语句可以实现在数据表中插入、浏览、修改和删除记录等操作。

INSERT 语句

1. 插入记录

在创建好数据库和数据表后，就可以向数据表中添加记录了，该操作可以使用 INSERT 语句来实现。其语法格式如下：

```
INSERT INTO table_ name(column name,column name2,") values (value1 ,value2,"")
```

在 MySQL 中，一次可以同时插入多行记录，各行记录的值清单在 values 关键字后以逗号“,”分隔，而标准的 SQL 语句一次只能插入一行记录。

【实例 7-3】执行 SQL 语句，向数据库 stu_db 的 stu_info 表中插入一条学生基本信息。操作如下：

在 phpMyAdmin 中选择数据库“stu_db”，选择“SQL”之后，输入以下语句，并单击“执行”按钮，对 stu_info 表完成插入记录，结果如图 7-11 所示。

```
insert into stu_info (stu_no,stu_name,stu_age,stu_sex,stu_class,stu_major,stu_addr) values ('1000000001','小张',22,'男', '1 班', '计算机信息管理专业', '上海黄浦区');
```

【执行效果】INSERT INTO 插入一条学生基本信息记录，执行效果如图 7-11 所示。

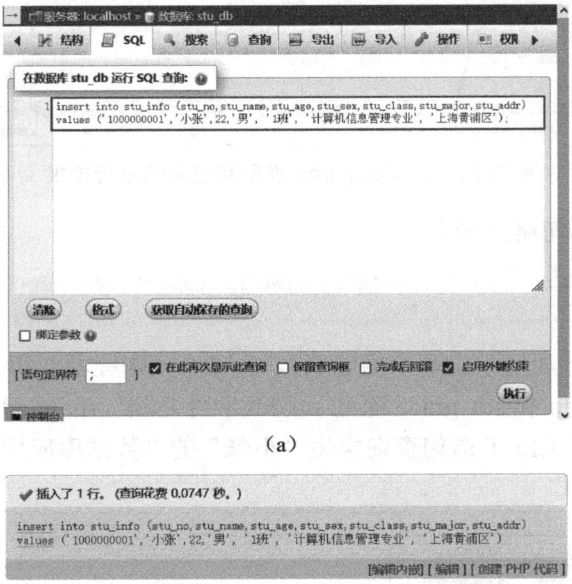

(a)

(b)

图 7-11 INSERT INTO 插入一条学生基本信息记录的执行效果

2. 查询记录

利用数据查询语句 SELECT 从数据库中把数据查询出来。其语法格式如下：

```
SELECT field    //要查询的内容,选择哪些列
FROM table_ name    //指定数据表
WHERE condition    //查询时需要满足的条件
ORDER BY field [ASCI DESC]    //对查询结果进行排序的条件
LIMIT row count    //限定输出的查询结果
GROUP BY field    //对查询结果进行分组的条件
```

SELECT 语句

1）查询单个数据表

在使用 SELECT 语句时，首先需要确定所要查询的列。“*”代表所有列。

【实例 7-4】执行 SQL 语句，查询数据库 stu_db 的 stu_info 表中的所有数据信息。操作如下：

在 phpMyAdmin 选择数据库“stu_db”，选择“SQL”之后，输入以下语句，并单击“执行”按钮。

```
SELECT * FROM stu_info;
```

【执行结果】查询 stu_info 表所有记录的执行效果如图 7-12 所示。

2）多表查询

实际数据查询过程中，大多数情况都是采用多表查询的方式查询数据，当针对多个数据表进行查询时，关键是 WHERE 子句中查询条件的设置，要查找的字段名最好用“表名.字段名”的形式表示，这样可以防止因表之间字段重名而无法获知该字段属于哪个表，在 WHERE 子句中多个表之间所形成的联动关系应按如下形式书写：

```
tablel. column = table2. column AND other condition
```

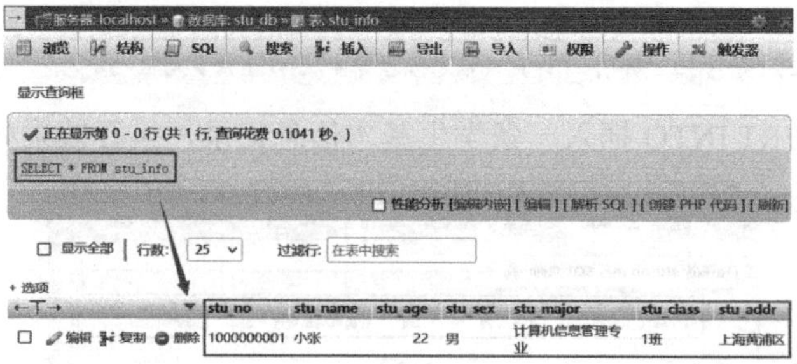

图 7-12 查询 stu_info 表所有记录的执行效果

多表查询的 SQL 语句格式如下：

```
SELECT column name from tablel ,table2.....WHERE tablel .column= table2.column AND other
condition
```

【实例 7-5】 stu_info 表（学生基本信息表）、subject（课程表）和 stu_grade（成绩表）结构如图 7-13 所示，stu_info 和 stu_grade 通过 stu_id（学号）关联，stu_grade 和 subject 通过 sub_id（课程号）关联，利用 SELECT 语句查询学生“小张”的“数据库应用”课程的成绩，操作如图 7-13 所示。

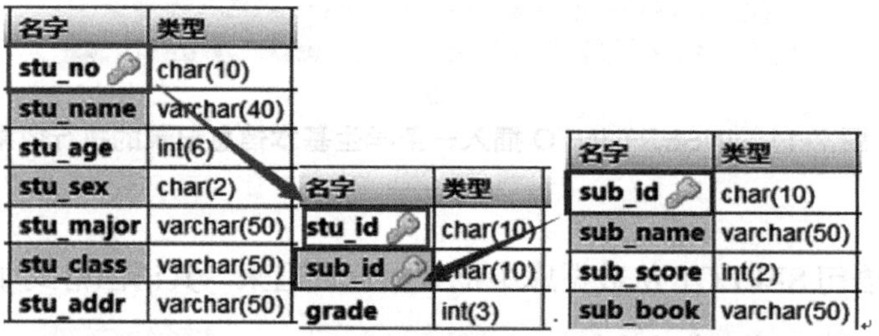

stu_info 表　　stu_grade 表　　subject 表

图 7-13 stu_info 表、subject 和 stu_grade 结构

在 phpMyAdmin 中选择数据库“stu_db”，选择“SQL”之后，输入以下语句，并单击“执行”按钮，代码如下：

```
SELECT stu_info.stu_name, subject.sub_name, stu_grade.grade
FROM stu_info, stu_grade, subject
WHERE stu_info.stu_no=stu_grade.stu_id AND subject.sub_id=stu_grade.sub_id
AND stu_info.stu_name="小张" AND subject.sub_name="数据库应用"
```

【执行结果】 查询学生“小张”的“数据库应用”课程的成绩执行效果如图 7-14 所示。

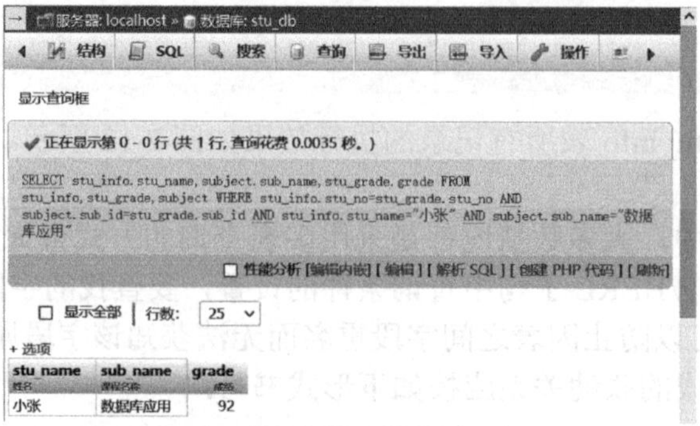

图 7-14 多表联合查询的执行效果

3. 修改记录

要修改某条或多条符合条件的记录，可以使用 UPDATE 语句，语法格式如下：

UPDATE 语句

```
UPDATE table_ name SET column name = new_ value 1,column name2 = new_ value2....
[WHERE condition]
```

其中，SET 子句给出要修改的列和其给定值；WHERE 子句可选，一般用于指定记录中哪行应该被更新，否则，所有记录行都将被更新。

【实例 7-6】将数据库 stu_db 中 stu_grade 表中小李的各科成绩都提高 3 分，操作如下：

在 phpMyAdmin 中选择数据库 stu_db，选择“SQL”之后，输入以下语句，并单击“执行”按钮，代码如下：

```
UPDATE stu_grade SET stu_grade.grade=stu_grade.grade+3
WHERE stu_grade.stu_no=stu_info.stu_no AND stu_info.stu_name="小李"
```

【执行结果】将 stu_grade 表中小李的各科成绩都提高 3 分，执行效果如图 7-15 所示。

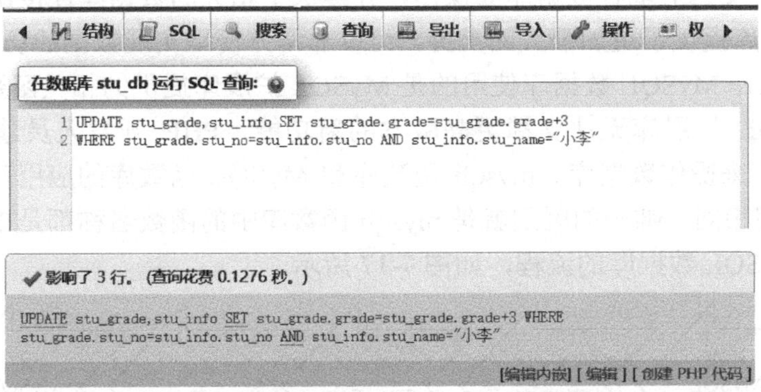

图 7-15 修改符合查询条件的记录执行效果

4. 删除记录

对于数据库中已失去意义或者错误的数据，可以将它们删除。使用 DELETE 语句可以实现该功能，语法格式如下：

DELETE 语句

```
DELETE from table_ name WHERE condition
```

语句在执行过程中，如果指定了 WHERE 条件，将按照指定条件进行删除；如果未指定 WHERE 条件，将删除所有记录。

【实例 7-7】删除 stu_grade 表中小李程序设计课程的成绩，操作如下：

在 phpMyAdmin 中选择数据库“stu_db”，选择“SQL”之后，输入以下语句，并单击“执行”按钮，代码如下：

```
DELETE FROM stu_grade
WHERE stu_grade.stu_no=(SELECT stu_info.stu_no FROM stu_info WHERE stu_info.stu_name="小李")
AND stu_grade.sub_id=(SELECT subject.sub_id FROM subject WHERE subject.sub_name="程序设计")
```

【执行结果】删除 stu_grade 表中小李程序设计课程的成绩，执行效果如图 7-16 所示。

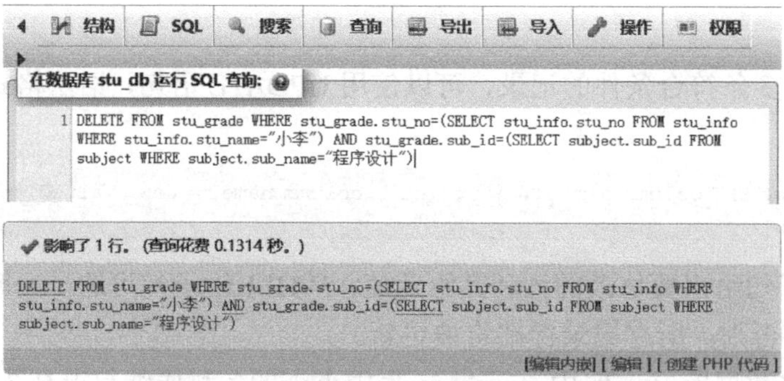

图 7-16　删除符合条件的记录执行效果

7.2　PHP 访问 MySQL 数据库

大多数网站中的数据都存储在数据库中，所以任何一种编程语言都不可避免地要对数据库进行操作。PHP 支持对多种数据库的操作，并提供了相关的数据库连接函数和操作函数。其对 MySQL 数据库提供了更加强大的支持，可以非常方便地实现数据的访问和读取等操作。长期以来，PHP 操作 MySQL 数据库使用的是 MySQL 扩展库提供的相关函数，但随着应用需求的扩充，MySQL 扩展库无法支撑更高版本的新功能，PHP 开发人员建立了一种全新的 mysqli 扩展函数库来操作数据库。mysqli 函数库和 MySQL 函数库的应用基本类似，大部分函数的使用方法都相同，唯一的区别就是 mysqli 函数库中的函数名称都是以 mysqli 开始的。

PHP 访问 MySQL 数据库的流程，如图 7-17 所示。

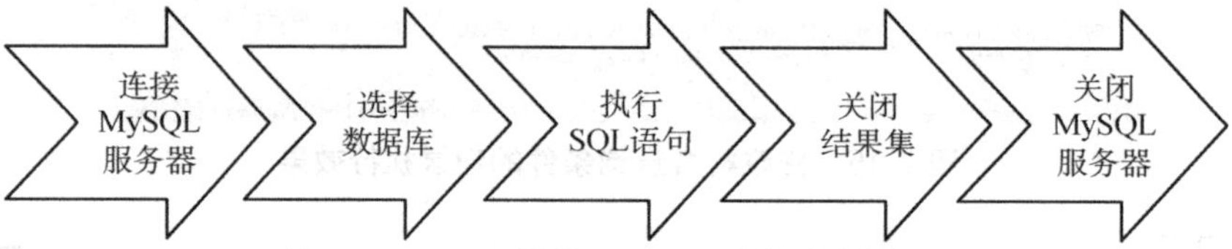

图 7-17　PHP 访问 MySQL 数据库的流程

7.2.1　连接 MySQL 数据库服务器

连接 MySQL 数据库服务器

PHP 操作 MySQL 数据库，首先要建立与 MySQL 数据库的连接。我们可使用 mysqli_connect( )函数建立与 MySQL 服务器的连接，语法如下：

```
mysqli mysqli_connect([string server[, string username[, string password [,string dbname[, int port[, string socket]]]]]])
```

mysqli_connect( )函数用于打开一个到 MySQL 服务器的连接，如果成功，则返回一个 MySQL 连接标识，失败则返回 false。该函数的参数如表 7-1 所示。

表 7-1　mysqli_connect 函数参数表

参数	说明
server	MySQL 服务器地址
username	用户名，默认值是服务器进程所有者的用户名
password	密码，默认值是空密码

（续表）

参数	说明
dbname	连接的数据库名称
port	MySQL 服务器使用的端口号
socket	UNIX 域 socket

【实例 7-8】 应用 mysqli_connect( )函数创建与 MySQL 服务器的连接，MySQL 数据库服务器地址为 127.0.0.11，用户名为 root，密码为 root，代码如下：

```
<?php
$host = "127.0.1.11";           //MySQL 服务器地址
$userName = "root";             //用户名
$password = "root";             //密码
if ($connID = mysqli_connect($host, $userName, $password)){
    //建立与 MySQL 数据库的连接,并弹出提示对话框
    echo "与 MySQL 数据库连接成功! <br>";
}else{
    echo "与 MySQL 数据库连接失败! <br>";
}?>
```

【运行结果】 mysqli_connect 函数与 MySQL 服务器的连接运行效果如图 7-18 所示。

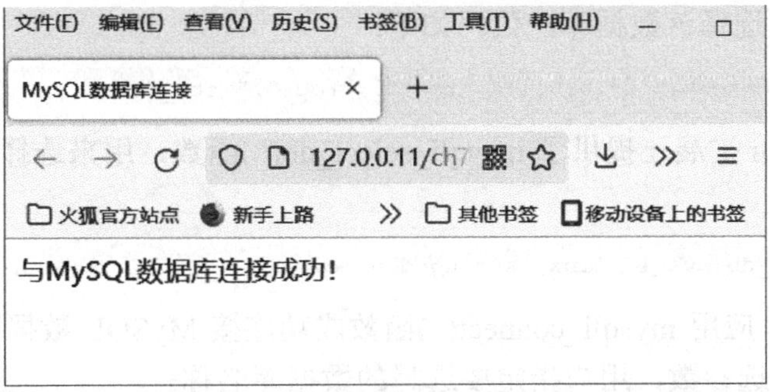

图 7-18　mysqli_connect 函数与 MySQL 服务器的连接运行效果

如果运行后不出错并且显示开发者设置的连接成功的提示信息，表明已成功连接至 MySQL 服务器。如果数据库服务器不可用，或连接数据库的用户名或密码错误，将会引发一条 PHP 警告信息，如图 7-19 所示。

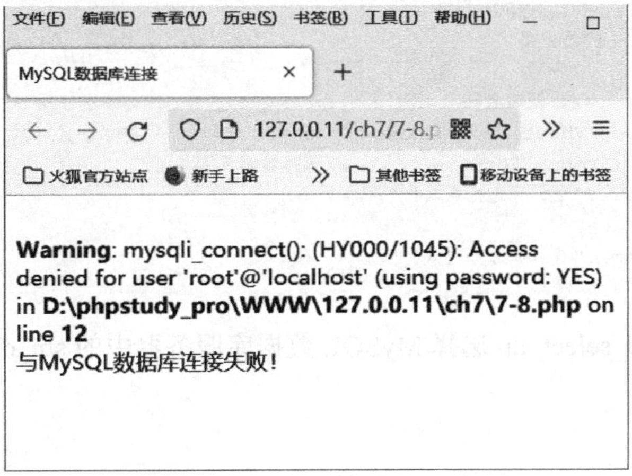

图 7-19　MySQL 连接失败效果

图 7-19 中的警告信息提示，使用 root 账号无法连接到数据库服务器，并且该警告不能停止脚本的继续执行。这种提示信息会暴露数据库连接的敏感信息，对数据库的安全造成威胁。这种情况下，可以在连接语句前面加上@符号来屏蔽警告信息的输出，并加上由 die( )函数进行屏蔽的错误处理机制，代码如下：

```
$con=@mysqli_connect("localhost","root","root1");
die("连接错误:".mysqli_connect_error( )); //返回一个描述错误提示
```

【注意】 利用 mysqli_connect 连接数据库的代码可以单独保存为一个文件（文件名 Connect.php），并把它与其他操作 MySQL 数据库的 PHP 脚本文件放在同一个文件夹中，这样在以后连接数据库的 PHP 脚本文件中就可以用 include_once（"Connect.php"）语句直接引入该文件，不必重复写这部分代码，这样用起来很方便。在本章的后续实例中，有关数据库操作的代码文件中都会引入该文件（Connect.php），引入之后，但请注意在 PHP 页面代码中必要的时候关闭数据库连接。

7.2.2 选择 MySQL 数据库

应用 mysqli_connect( )函数可以创建与 MySQL 服务器的连接，同时可以指定要选择的数据库名称。例如，上节我们已经在数据库服务器中创建了 stu_db 数据库，可以采用 mysqli_connect( )函数选择该数据库，代码如下：

```
$connID = mysqli_connect("127.0.0.11","root", "root"," stu_db");
```

除此之外，mysqli 扩展还提供了 mysqli_select_db( )函数，用来选择 MySQL 数据库。语法如下：

```
bool mysqli_select_db(mysqli link, string dbname)
```

link：必选参数，应用 mysqli_connect( )函数成功连接 MySQL 数据库服务器后返回的连接标识。dbname：必选参数，用户指定要选择的数据库名称。

【实例 7-9】 首先使用 mysqli_connect( )函数建立与 MySQL 数据库的连接，并返回数据库连接 ID，然后使用 mysqli_select_db( )函数选择 MySQL 数据库服务器中名为 stu_db 的数据库，实现代码如下：

```
<?php
$host = "127.0.0.11";     //MySQL服务器地址
$userName = "root";   //用户名
$password = "root";    //密码
$dbName = "stu_db";    //数据库名称
$conn= @mysqli_connect($host, $userName, $password);     //建立与MySQL数据库服务器的连接
if(@mysqli_select_db($conn, $dbName)){     //选择数据库
    echo "连接".$dbName."数据库选择成功! ";
}else{
    echo "连接".$dbName."数据库选择失败! ";
}?>
```

【运行结果】 mysqli_select_db 选择 MySQL 数据库服务器中的 stu_db 数据库，运行效果如图 7-20 所示。

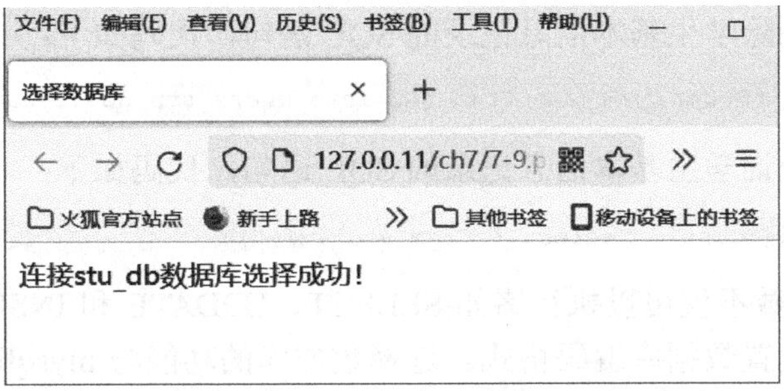

图 7-20　选择数据库服务器中的数据库的运行效果

7.2.3　关闭 MySQL 连接

使用 mysqli_close( )函数关闭先前打开的与 MySQL 服务器的连接，以节省系统资源。其语法格式如下：

```
bool mysqli_close(mysqli $Link);
```

PHP 中与数据库的连接是非持久连接，一般不需要设置关闭，系统会自动回收。如果一次性返回的结果集比较大，或者网站访问量比较多，那么最好用 mysqli_close( )函数关闭连接。例如：

```
$conn= @mysqli_connect("127.0.0.11","root","root");
mysqli_close($conn);
```

7.3　PHP 对 MySQL 数据库的操作

7.3.1　执行 SQL 语句

要对数据库中的表进行操作，通常使用 mysqli_query( )函数执行 SQL 语句，语法如下：

```
mixed mysqli_query ( mysqli link, string query [, int resultmode] )
```

● link：必选参数，mysqli_connect( )函数成功连接 MySQL 数据库服务器后所返回的连接标识。

● resultmode：可选参数，其取值有 MySQLI_USE_RESULT 和 MySQLI_STORE_RESULT。其中，MySQLI_STORE_RESULT 为该函数的默认值。如果返回大量数据，可以应用 MySQLI_USE_RESULT，但应用该值时，以后的查询调用可能返回一个 commands out of sync 错误，解决办法是应用 mysqli_free.result( )函数释放内存。

如果 SQL 语句是查询指令 select，成功，则返回查询结果集，否则返回 false；如果 SQL 语句是 INSERT、DELETE、UPDATE 等操作指令，成功，则返回 true，否则返回 false。

例如，执行一个添加学生基本信息记录的 SQL 语句，代码如下：

```
$result=mysqli_query($conn , "insert into stu_info values('1000000004', '小邹', 23, '女', '文秘专业', '1班', '江西南昌')");
```

例如，执行一个修改学生基本信息记录的 SQL 语句，代码如下：

```
$result=mysqli_query($conn ,"update stu_info set stu_age=20 ,stu_addr='上海浦东区' where stu_name='小邹'");
```

例如，执行一个删除学生基本信息记录的 SQL 语句，代码如下：

```
$result=mysqli_query($conn, "delete from stu_info where stu_no='1000000004'");
```

例如，执行一个查询学生基本信息记录的 SQL 语句，代码如下：

```
$result=mysqli_query($conn , "select * from stu_info");
```

mysqli_query( )函数不仅可以执行诸如 SELECT、UPDATE 和 INSERT 等 SQL 指令，而且可以选择数据库和设置数据库编码格式。选择数据库的功能与 mysqli_select_db( )函数是相同的，代码如下：

```
mysali_query($conn , "use stu_db); //选择数据库 stu_db
```

设置数据库编码格式的代码如下：

```
mysqli_query($conn, "set names utf8""); //设置数据库的编码为 utf8
```

7.3.2 返回结果集

返回结果集

使用 mysqli_query( )函数执行 SELECT 语句，如果成功，将返回查询结果集。PHP 对结果操作的函数有多种类型，下面将逐一进行学习。

1. mysqli_fetch_array 函数

首先，我们先学习对查询结果集进行操作的函数：mysqli_fetch_array( )。它将结果集返回数组中，语法如下：

```
array mysqli_fetch_array (resource result [, int result_type])
```

① result：资源类型的参数，要传入的是由 mysqli_query( )函数返回的数据指针。

② result_type：可选项，设置结果集数组的表述方式，有下列 3 种：

MySQLI_ASSOC：返回一个关联数组。数组下标由表的字段名组成。

MySQLI_NUM：返回一个索引数组。数组下标由数字组成。

MySQLI_BOTH：返回一个同时包含关联和数字索引的数组。默认值是 MySQLI_BOTH。

【注意】本函数返回的字段名区分大小写。

到此，PHP 操作 MySQL 数据库的方法可以实现 MySQL 服务器的连接、选择数据库、执行查询语句，并且可以将查询结果集中的数据返回数组中。下面编写一个实例，通过 PHP 操作 MySQL 数据库，读取数据库中存储的数据。

【实例 7-10】利用 mysqli_fetch_array()函数读取 stu_db 数据库中 stu_info 数据表中的数据，操作如下：

步骤 1：创建 conn 文件夹，编写 conn.php 文件，实现与 MySQL 服务器的连接，选择 stu_db 数据库，并设置数据库编码格式为 utf8。conn.php 的代码如下：

```
<?php
$conn = mysqli_connect("localhost", "root", "root", "stu_db") or die("连接数据库服务器失败！".mysqli_error( ));   //连接 MySQL 服务器,选择数据库
mysqli_query($conn,"set names utf8");   //设置数据库编码格式 utf8
?>
```

步骤 2：创建 index.php 文件，通过 include_once 语句包含数据库连接文件；通过 mysqli_query( )函数执行查询语句，查询 stu_info 数据表中的数据；通过 mysqli_fetch_array( )

函数将查询结果集中的数据返回数组中；通过 while 语句循环输出数组中的数据，代码如下：

```
<?php
include_once("conn/conn.php");
$result=mysqli_query($conn,"select * from stu_info");
while($myrow=mysqli_fetch_array($result)){
?>
<tr align="center" class="STYLE2">
    <td><?php echo $myrow[0]; ?></td>
    <td><?php echo $myrow[1]; ?></td>
    <td><?php echo $myrow[2]; ?></td>  //数字索引数组
    <td><?php echo $myrow['stu_sex']; ?></td>  //关联索引数组
    <td><?php echo $myrow['stu_class']; ?></td>
    <td><?php echo $myrow['stu_major']; ?></td>
    <td><?php echo $myrow['stu_addr']; ?></td>
</tr>
<?php
}
?>
```

【运行结果】读取 stu_info 数据表中的数据的运行效果如图 7-21 所示。

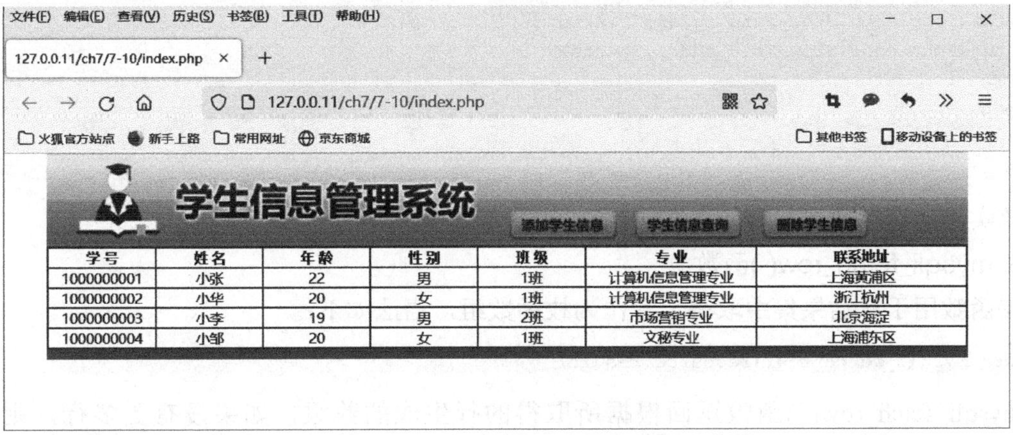

图 7-21　读取 stu_info 数据表中的数据的运行效果

2. mysqli_fetch_object( )函数

通过应用 mysqli_fetch_array( )函数获取结果集中的数据。除了这个方法以外，应用 mysqli_fetch_object( )函数也可以完美达成该功能。下面通过同一个实例的不同方法来体验这两个函数在使用上的区别。首先介绍 mysqli_fetch_object( )函数，语法如下：

```
mixed mysqli_fetch_object(resource result)
```

mysqli_fetch_object( )函数和 mysqli_fetch_array( )函数类似，只有一点区别，就是它返回的是一个对象而不是数组，即该函数只能通过字段名访问数组。访问结果集中行的元素的语法结构如下：

```
$row->col_name    //$row 代表结果集, col_name 为字段名
```

例如，如果从某数据表中检索 id 和 name 值，可以用$row->id 和$row-> name 访问行中的元素值。需要注意的是该函数和 mysqli_fetch_array( )一样，返回的字段名是区分大小写的。

【实例 7-11】 利用 mysqli_fetch_object( )函数读取 stu_db 数据库中 stu_info 数据表中的数

据，操作如下：

步骤 1：创建 conn 文件夹，编写 conn.php 文件，实现与 MySQL 服务器的连接，选择 stu_db 数据库，并设置数据库编码格式为 utf8。

步骤 2：创建 index.php 文件，通过 include_once 语句包含数据库连接文件；通过 mysqli_query( )函数执行查询语句，查询 stu_info 数据表中的数据；通过 mysqli_fetch_object( )函数将查询结果集中的数据返回数组中；通过 while 语句循环输出数组中的数据，代码如下：

```
<?php
include_once("conn/conn.php");
$result=mysqli_query($conn,"select * from stu_info");
  while($row=mysqli_fetch_object($result)){
?>
<tr align="center" class="STYLE2">
  <td><?php echo $row->stu_no; ?></td>
  <td><?php echo $row->stu_name; ?></td>
  <td><?php echo $row->stu_age; ?></td>
  <td><?php echo $row->stu_sex; ?></td>
  <td><?php echo $row->stu_class; ?></td>
  <td><?php echo $row->stu_major; ?></td>
  <td><?php echo $row->stu_addr; ?></td>
</tr>
<?php
}
?>
```

该实例的运行效果与实例 7-10 相同，如图 7-21 所示。

3. mysqli_fetch_row( )函数

该函数用于从结果集中取得一行作为枚举数组，语法如下：

```
mixed mysqli_fetch_row (resource result)
```

mysqli_fetch_row( )函数返回根据所取得的行生成的数组，如果没有更多行，则返回 NULL。返回数组的偏移量从 0 开始，即以$row[0]的形式访问第一个元素。

【实例 7-12】利用 mysqli_fetch_row( )函数读取 stu_db 数据库中 stu_info 数据表中的数据，mysqli_fetch_row( )函数是逐行获取结果集中的记录，具体步骤如下：

步骤 1：编写 conn.php 文件，与 MySQL 服务器的连接，选择 stu_db 数据库。

步骤 2：编写 index.php 文件，包含数据库连接文件 conn.php，实现与数据库的连接，利用 mysqli_query( )函数执行 SQL 查询语句并返同结果集。通过 while 语句和 mysqli_fetch_row( )函数循环输出查询结果集，代码如下：

```
<?php
include_once("conn/conn.php");   //包含数据库连接页
$result=mysqli_query($conn,"select * from stu_info");   //查询返回结果集
  while($row=mysqli_fetch_row($result)){  //循环取结果集数据
?>
<tr align="center" class="STYLE2">
  <td><?php echo $row[0]; ?></td>
  <td><?php echo $row[1]; ?></td>
  <td><?php echo $row[2]; ?></td>
  <td><?php echo $row[3]; ?></td>
```

```
    <td><?php echo $row[4]; ?></td>
    <td><?php echo $row[5]; ?></td>
    <td><?php echo $row[6]; ?></td>
  </tr>
  <?php
  }
  ?>
```

该实例的运行效果与实例 7-10 相同，如图 7-21 所示。

mysqli_fetch_row( )函数逐行获取结果集中的记录时，只能使用数字索引读取数组元素，而 mysqli_fetch_array( )函数可以使用关联索引获取数组元素。

4. mysqli_fetch_assoc( )函数

该函数能从结果集中取得一行作为关联数组，语法如下：

```
mixed mysqli_fetch_assoc(resource result)
```

mysqli_fetch_assoc( )函数返回根据所取得的行生成的数组，如果没有更多行，则返回 NULL。该数组的下标为数据表中字段的名称。

【实例 7-13】利用 mysqli_fetch_row( )函数读取 stu_db 数据库中 stu_info 数据表中的数据，应用 mysqli_fetch_assoc( )函数逐行获取结果集中的记录，步骤如下：

步骤 1：编写 conn.php 文件，与 MySQL 服务器的连接，选择 stu_db 数据库。

步骤 2：编写 index.php 文件，包含数据库连接文件 conn.php，实现与数据库的连接，利用 mysqli_query( )函数执行 SQL 查询语句并返同结果集。通过 while 语句和 mysqli_fetch_assoc( )函数循环输出查询结果集，代码如下：

```
<?php
include_once("conn/conn.php");
$result=mysqli_query($conn,"select * from stu_info");
 while($row=mysqli_fetch_assoc($result)){
?>
 <tr align="center" class="STYLE2">
   <td><?php echo $row["stu_no"]; ?></td>
   <td><?php echo $row["stu_name"]; ?></td>
   <td><?php echo $row["stu_age"]; ?></td>
   <td><?php echo $row["stu_sex"]; ?></td>
   <td><?php echo $row["stu_class"]; ?></td>
   <td><?php echo $row["stu_major"]; ?></td>
   <td><?php echo $row["stu_addr"]; ?></td>
 </tr>
 <?php
 }
 ?>
```

该实例的运行效果与实例 7-10 相同，如图 7-21 所示。

5. mysqli_num_rows( )函数

mysqli_num_rows( )函数可以获取由 SELECT 语句查询到的结果集中行的数目。该函数的语法如下：

```
int mysqli_num_rows (resource result)
```

mysqli_num_rows( )返回结果集中行的数目。该命令仅对 SELECT 语句有效。要取得被 INSERT、UPDATE 或 DELETE 语句影响到的行的数目，要使用 mysqli_affected_rows( )

函数。

【实例 7-14】利用 mysqli_fetch_row( )函数逐行获取结果集中的记录，再通过 mysqli_num_rows( )函数获取结果集中行的数目，并输出返回值，步骤如下：

因为是在实例 7-12 的基础上进行操作的，所以这里只给出 mysqli_num_rows( )函数获取结果集中记录数的关键代码，其他代码参照实例 7-12，关键代码如下：

```
<tr>
    <td colspan="7"  align="center" align="center">
    查询结果为：<?php
    $nums=mysqli_num_rows($result);          //获取查询结果的行数
    echo $nums;                              //输出返回值
    ?>条记录</td>
  </tr>
```

【运行结果】mysqli_num_rows( )函数获取结果集中记录数，运行效果如图 7-22 所示。

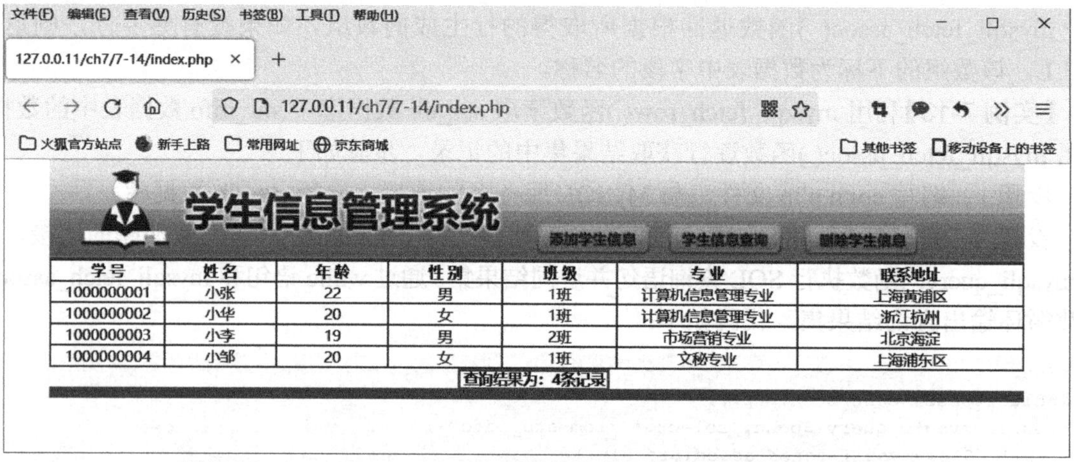

图 7-22　mysqli_num_rows( )函数获取结果集中记录数的运行效果

7.3.3　释放 MySQL 数据库内存

mysqli_free_result( )函数用于释放内存。数据库操作完后，需关闭结果集，以释放系统资源，语法格式如下：

```
void mysqli_free_result(resource result);
```

mysqli_free_result( )函数将释放所有与结果标识符 result 关联的内存。该函数仅需要在考虑到返回很大的结果集时会占用大量内存时调用，函数执行完毕，有关联的内存都会被自动释放。

7.3.4　关闭 MySQL 数据库连接

完成对数据库的操作后，要及时断开与数据库的连接并释放内存，否则会浪费大量的内存空间，在访问量较大的 Web 网页中很可能导致服务器崩溃。在 MySQL 函数库中，使用 mysqli_close( )函数断开与 MvSQL 服务器的连接，语法格式如下：

```
bool mysqli_close(mysqli link)
```

参数 link 为 mysqli_connect( )函数成功连接 MySQL 数据库服务器后所返回的连接标识。

如果成功，返回 true，失败则返回 false。

【实例 7-15】读取 stu_db 数据库中 stu_info 数据表中的数据，然后使用 mysqli_free_result( )函数释放内存，并使用 mysqli_close( )函数断开与 MySQL 数据库的连接，代码如下：

```
    <?php
    include_once("conn/conn.php");
    $result=mysqli_query($conn,"select * from stu_info");
      while($row=mysqli_fetch_row($result)){
    ?>
    <tr align="center" class="STYLE2">
      <td><?php echo $row[0]; ?></td>
      <td><?php echo $row[1]; ?></td>
      <td><?php echo $row[2]; ?></td>
      <td><?php echo $row[3]; ?></td>
      <td><?php echo $row[4]; ?></td>
      <td><?php echo $row[5]; ?></td>
      <td><?php echo $row[6]; ?></td>
    </tr>
    <?php
    }
    ?>
    </table></td>
  </tr>
    <td colspan="7"><img src="images/bg_09.jpg" width="866" height="10" /></td>
  </tr>
</table>
<? mysqli_free_result($result);  //释放内存
mysqli_close($conn);  //断开与数据库的连接
?>
```

【注意】PHP 中与数据库的连接是非持久连接，系统会自动回收，一般不用设置关闭。但如果一次性返回的结果集比较大，或网站访问量比较多，则最好使用 mysqli_close()函数手动进行释放。

7.4 PHP 操作 MySQL 数据库的数据

我们在开发网站时，对数据库的操作不仅局限于查询指令，对数据的添加、修改和删除操作也经常用到。下面我们重点学习如何在 PHP 页面中对数据库进行增、删、改的操作。

7.4.1 PHP 对 MySQL 数据表添加记录

添加记录

【实例 7-16】通过 INSERT 语句和 mysqli_query( )函数向 stu_info 表（学生基本信息表）中添加一条记录，步骤如下：

步骤 1：创建 conn 文件夹，编写 conn.php 文件，完成与数据库的连接，并且设置页面的编码格式为 utf8。

步骤 2：设计一个 index.php 页面，在该页面中设计添加学生基本信息的表单，效果如图 7-23 所示。

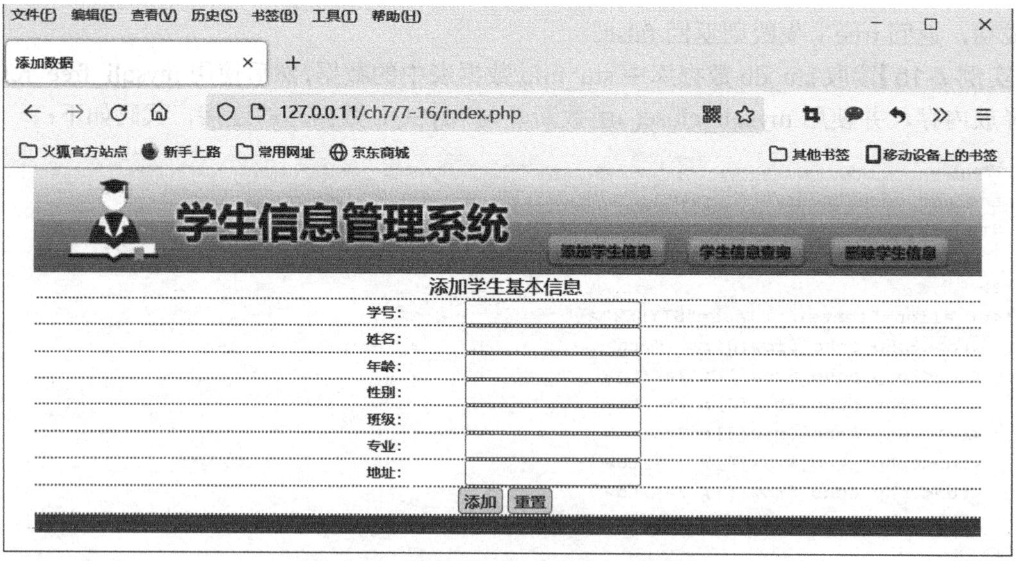

图 7-23　添加学生基本信息网页效果

步骤 3：设计一个 insert.php 页面，获取 index.php 表单中提交的学生数据，并且连接数据库，编辑 SQL 语句将表单中提交的数据添加到指定的 stu_info 表中，关键的程序代码如下：

```
<?php
include_once("conn/conn.php");
if (!($_POST['stu_no'] and $_POST['stu_name'] and $_POST['stu_age'] and $_POST['stu_sex'] and
$_POST['stu_class'] and $_POST['stu_major'] and $_POST['stu_addr'])){
    echo "输入不允许为空。点击<a href='javascript:onclick=history.go(-1)'>这里</a> 返回";
}else{
    $sql = "insert into stu_info values('".$_POST['stu_no']."','".$_POST['stu_name']."','".
$_POST['stu_age']."','".$_POST['stu_sex']."','".$_POST['stu_class']."','".$_POST['stu_major'].
"','".$_POST['stu_addr']."')";
    $result = mysqli_query($conn,$sql);
    if ($result){
        echo "添加成功,点击<a href='select.php'>这里</a>查看";
    }else{
        echo "<script>alert('添加失败');history.go(-1);</script>";
    }
}
?>
```

【运行结果】向学生基本信息表中添加一条记录，运行效果如图 7-24 所示。

（a）

图 7-24　向学生基本信息表中添加一条记录的运行效果

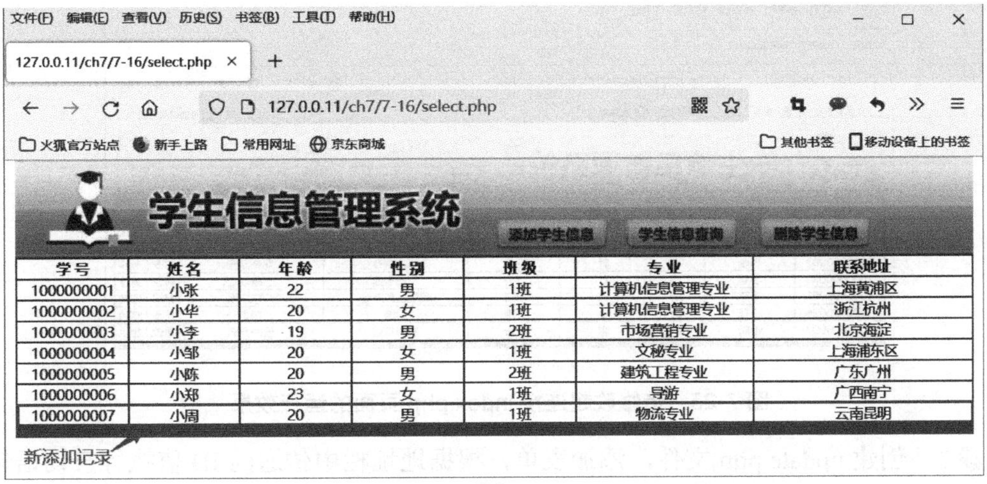

(b)

图 7-24　向学生基本信息表中添加一条记录的运行效果（续）

7.4.2　PHP 对 MySQL 数据表更新记录

修改记录

用户录入数据后，才发现录入的是错误信息，这时就要对数据进行更新和编辑。可使用 UPDATE 语句和 mysqli_query( )函数完成数据更新操作。

【实例 7-17】通过 UPDATE 语句和 mysqli_query( )函数实现对 stu_info 表中数据的更新操作，步骤如下：

步骤 1：创建 conn 文件夹，编写 conn.php 文件，完成与数据库的连接，并且设置页面的编码格式为 utf8。

步骤 2：创建 index.php 文件，循环输出 stu_info 表中的数据，并且为指定的记录设置“修改”超链接，链接到 update.php 文件，链接过程中传递的参数包括 action 和 stu_no。主要代码如下：

```
<?php
include_once("conn/conn.php");
$result=mysqli_query($conn,"select * from stu_info");
  while($row=mysqli_fetch_row($result)){
?>
<tr align="center" class="STYLE2">
  <td><?php echo $row[0]; ?></td>
  <td><?php echo $row[1]; ?></td>
  <td><?php echo $row[2]; ?></td>
  <td><?php echo $row[3]; ?></td>
  <td><?php echo $row[4]; ?></td>
  <td><?php echo $row[5]; ?></td>
  <td><?php echo $row[6]; ?></td>
  <td class='m_td'><? echo "<a href=update.php?action=update&id=".$row[0]."> 修 改 </a>|<a href='#'>删除</a>"?></td>
</tr>
<?php
}
?>
```

带修改超连接 index.php 页面的运行效果如图 7-25 所示。

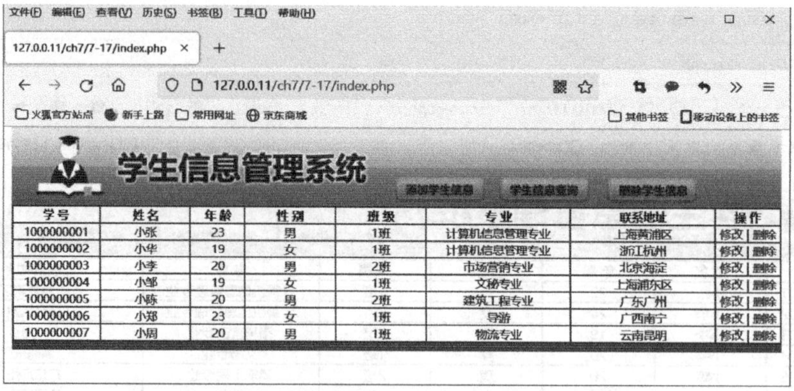

图 7-25　带修改超连接 index.php 页面的运行效果

步骤 3：创建 update.php 文件，添加表单，根据地址栏中传递的 ID 值执行查询语句，将查询到的数据输出到对应的表单元素中。然后对数据进行修改，最后将修改后的数据提交到 updateok.php 文件中，完成修改操作。update.php 文件的主要代码如下：

```
<?php
include_once("conn/conn.php");
if($_GET['action'] == "update"){//判断地址栏参数 action 的值是否等于 update
$sql = "select * from stu_info where stu_no = '".$_GET['id']."'";//定义查询语句
$result = mysqli_query($conn,$sql);//执行查询语句
    $rows = mysqli_fetch_row($result);//将查询结果返回为数组
?>
<table width="799" border="0" cellpadding="0" cellspacing="0">
    <tr align="center">
      <td align="center" valign="middle">
  <form name="intFrom" method="post" action="updateok.php">
        <table width="100%" height="200"  border="0" cellpadding="0" cellspacing="0">
          <tr align="center" valign="middle">
          <td colspan="4" class="c_td" style="font-size:16px; font-family: ">修改学生基本信息
</td>
             </tr>
             <tr>
          <td width="30%" class="c_td"> </td>
             <td width="10%" align="right" valign="middle" class="c_td">学号：</td>
             <td width="30%" align="center" valign="middle" class="c_td"><input type="text"
name="stu_no" value="<?php echo $rows[0] ?>"></td>
          <td width="30%" class="c_td"> </td>
        </tr>
        <tr>
        <td class="c_td"> </td>
          <td align="right" valign="middle" class="c_td">姓名：</td>
          <td align="center" valign="middle" class="c_td"><input type="text" name="stu_name"
value="<?php echo $rows[1] ?>"></td>
          <td class="c_td"> </td>
        </tr>
        <tr>
        <td class="c_td"> </td>
          <td align="right" valign="middle" class="c_td">年龄：</td>
          <td align="center" valign="middle" class="c_td"><input type="text" name="stu_age"
value="<?php echo $rows[2] ?>"></td>
          <td class="c_td"> </td>
        </tr>
```

```
                <tr>
        <td class="c_td"> </td>
          <td align="right" valign="middle" class="c_td">性别：</td>
          <td align="center" valign="middle" class="c_td"><input type="text" name="stu_sex"
value="<?php echo $rows[3] ?>"></td>
          <td class="c_td"> </td>
        </tr>
        <tr>
        <td class="c_td"> </td>
          <td align="right" valign="middle" class="c_td">班级：</td>
          <td align="center" valign="middle" class="c_td"><input type="text" name="stu_class"
value="<?php echo $rows[4] ?>"></td>
          <td class="c_td"> </td>
        </tr>
        <tr>
        <td class="c_td"> </td>
          <td align="right" valign="middle" class="c_td">专业：</td>
          <td align="center" valign="middle" class="c_td"><input type="text" name="stu_major"
value="<?php echo $rows[5] ?>"></td>
          <td class="c_td"> </td>
        </tr>
        <tr>
          <td class="c_td"> </td>
          <td align="right" valign="middle" class="c_td">地址：</td>
          <td align="center" valign="middle" class="c_td"><input type="text" name="stu_addr"
value="<?php echo $rows[6] ?>"></td>
          <td class="c_td"> </td>
        </tr>
        <tr align="center" valign="middle">
        <td class="c_td"> </td>
          <td colspan="2" class="c_td">
          <input type="hidden" name="action" value="update">
          <input type="submit" name="Submit" value="修改">
          <input type="reset" name="reset" value="重置"></td>
         <td class="c_td"> </td>
        </tr>
       </table>
     </form>
     <?
  }
  ?>
```

update.php 修改学生记录页面的运行效果如图 7-26 所示。

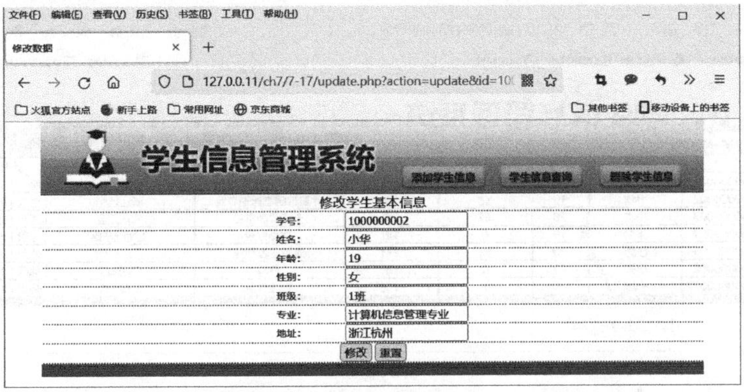

图 7-26 update.php 修改学生记录页面的运行效果

步骤 4：创建 updateok.php 文件，获取表单中提交的数据，根据传递的 stu_no 字段值定位需要修改的学生记录，利用 UPDATE 语句完成数据的更新操作，代码如下：

```
<?php
header("Content-type:text/html;charset=utf-8"); //设置文件编码格式
include_once("conn/conn.php");//包含数据库连接文件
if($_POST['action'] == "update"){
if(!($_POST['stu_no'] and $_POST['stu_name'] and $_POST['stu_age'] and $_POST['stu_sex'] and $_POST['stu_class'] and $_POST['stu_major'] and $_POST['stu_addr'])){
echo "输入不允许为空。点击<a href='javascript:onclick=history.go(-1)'>修改信息</a>返回";
}else{
$sql = "update stu_info set stu_no = '".$_POST['stu_no']."', stu_name = '".$_POST['stu_name']."', stu_age = ".$_POST['stu_age'].", stu_sex = '".$_POST['stu_sex']."', stu_class = '".$_POST['stu_class']."', stu_major = '".$_POST['stu_major']."', stu_addr = '".$_POST['stu_addr']."' where stu_no = '".$_POST['stu_no']."'";//定义更新语句
$result = mysqli_query($conn,$sql);//执行更新语句
if($result){
echo "<script>alert('修改成功');location.href='index.php';</script>";
}else{
echo "修改失败.<br>$sql";
}}}
?>
```

修改学生记录完成的页面运行效果如图 7-27 所示。

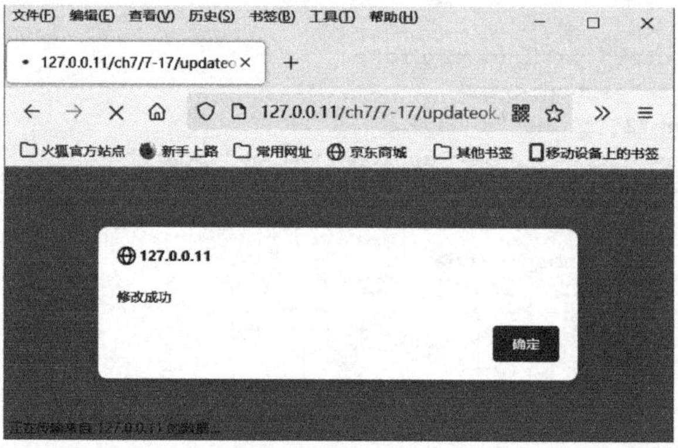

（a）

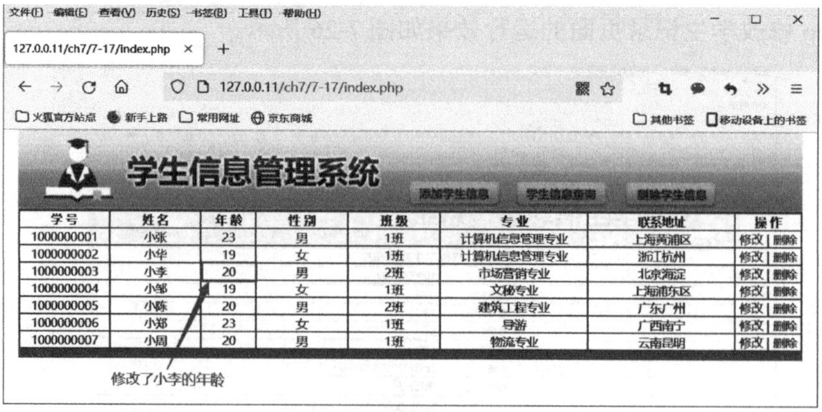

（b）

图 7-27　修改学生记录完成的页面运行效果

7.4.3 PHP 对 MySQL 数据表删除记录

删除记录

DELETE 语句可以对数据表中的数据进行删除操作。在不指定删除条件的情况下，将删除指定数据表中所有的数据；如果定义了删除条件，那么删除数据表中指定的记录。删除操作的执行是一件需要非常慎重的事情，一旦执行该操作，通常数据就无法恢复。

【实例 7-18】假如我们输入了重复的记录，就要删除多余的数据。删除数据只需采用 mysqli_query( )函数执行 DELETE 语句即可，步骤如下：

步骤 1：创建 conn 文件夹，编写 conn.php 文件，完成与数据库的连接，并且设置页面的编码格式为 utf8。

步骤 2：创建 index.php 文件，循环输出 stu_info 表中的学生基本信息记录，并且为每一条记录创建一个删除超链接，链接到 delete.php 文件，链接过程中传递的 stu_no 参数值是记录的 ID，主要代码如下：

```
<script>
//删除确认
function del(){
 if(!window.confirm('是否要删除数据?'))
    return false;}
</script>
      <?php
include_once("conn/conn.php");
$result=mysqli_query($conn,"select * from stu_info");
 while($row=mysqli_fetch_row($result)){
    ?>
    <tr align="center" class="STYLE2">
     <td><?php echo $row[0]; ?></td>
     <td><?php echo $row[1]; ?></td>
     <td><?php echo $row[2]; ?></td>
     <td><?php echo $row[3]; ?></td>
     <td><?php echo $row[4]; ?></td>
     <td><?php echo $row[5]; ?></td>
     <td><?php echo $row[6]; ?></td>
    <?
    echo "<td class='m_td'><a href='#'>修改</a> | <a href=delete.php?action=delete&id=".
$row[0]." onclick = 'return del();'>删除</a></td>";
    ?> </tr>
    <?php
    }
    ?>
```

带删除超连接 index.php 页面的运行效果如图 7-28 所示。

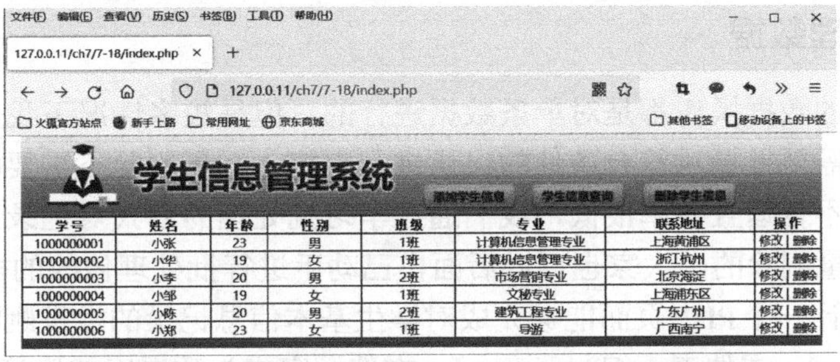

图 7-28　带删除超连接 index.php 页面的运行效果

步骤 3：创建 delete.php 文件，根据超链接中传递的参数值，定义 DELETE 删除语句，完成 stu_info 表中指定学生基本信息记录的删除操作，主要代码如下：

```
<?php
header("Content-type: text/html;charset=utf-8" );//设置文件编码格式
include_once("conn/conn.php");    //连接数据库
if($_GET['action'] == "delete"){    //判断是否执行删除
    $sql = "delete from stu_info where stu_no = '".$_GET['id']."'";     //定义删除语句
    $result = mysqli_query($conn,$sql);                    //执行删除操作
    if($result){
        echo "<script>alert('删除成功！');location='index.php';</script>";
    }else{
        echo "<script>alert('删除失败！');history.go(-1);</script>";
    }
}
?>
```

删除记录前确认提示和删除成功的运行效果如图 7-29 所示。

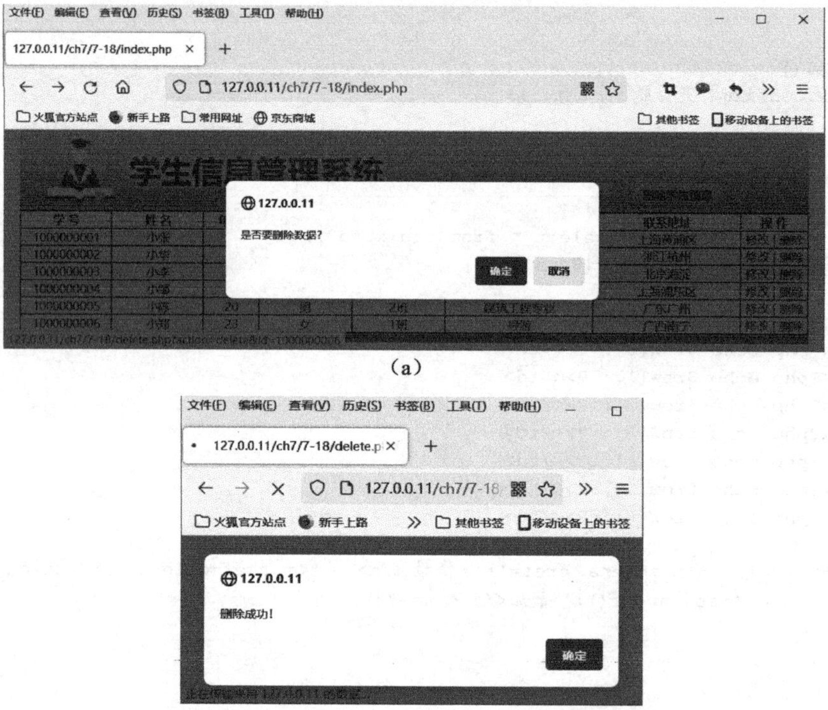

（a）

（b）

图 7-29　删除记录前确认提示和删除成功的运行效果

7.4.4　批处理数据

前面我们学习的数据操作都是对单条数据进行的，但是较多情况下我们需要对很多条记录进行批处理，如需要批量对符合条件的记录进行审核、批量删除不需要的记录等。如果一条一条操作，显然不合理且效率很低，我们通过学习批处理的方式对记录进行删除操作，了解如何完成记录批量删除的，大家也可以后面自己动手进行批处理修改的操作。

【实例 7-19】设计一个 PHP 页面能够完成对学生基本信息记录的批量删除操作，步骤如下：

步骤 1：创建 conn 文件夹，编写 conn.php 文件，完成与数据库的连接。

步骤 2：创建 index.php 文件，添加表单，设置复选框，将 stu_info 表中数据的 stu_NO 设置为复选框的值，设置隐藏域传递执行删除操作的参数，设置“提交”按钮，通过 onclick 事件调用 del( )方法执行删除操作，关键代码如下：

```
Javascript 脚本代码:
<script>
//删除确认
function del(){
 if(!window.confirm('是否要删除记录?'))
    return false;
}
//全部选择/取消
function chek(){
     var leng = this.form1.chk.length;
     if(leng==undefined){
        leng=1;
        if(!form1.chk.checked)
         document.form1.chk.checked=true;
         else
             document.form1.chk.checked=false;
     }else{
         for( var i = 0; i < leng; i++)
          {
              if(!form1.chk[i].checked)
                   document.form1.chk[i].checked = true;
              else
                   document.form1.chk[i].checked = false;
          }
     }
     return false;
}
</script>
表单内代码:
<form name="form1" id="form1" method="post" action="deletep.php">
    <?php
    include_once("conn/conn.php");
    $result=mysqli_query($conn,"select * from stu_info");
      while($row=mysqli_fetch_row($result)){
    ?>
    <tr align="center" class="STYLE2">
      <td><?php echo "<input type=checkbox name='chk[]' id='chk' value=".$row[0].">";?></td>
      <td><?php echo $row[0]; ?></td>
      <td><?php echo $row[1]; ?></td>
      <td><?php echo $row[2]; ?></td>
      <td><?php echo $row[3]; ?></td>
      <td><?php echo $row[4]; ?></td>
      <td><?php echo $row[5]; ?></td>
      <td><?php echo $row[6]; ?></td>
    <?
    echo "<td class='m_td'><a href='#'>修改</a> | <a href=delete.php?action=delete&id=" .$row[0]."
onclick = 'return del();'>删除</a></td>";
    ?>
    </tr>
    <?php
    }
    ?>
    </table></td>
  </tr>
```

```
    <tr style="background-image:url(images/bg_03.jpg)" >
  <td height="25" colspan="8" class="m_td" align="left">
      <a href="" onClick="return chek();">全部选择/取消</a>  
          <input type="hidden" name="action" value="delall"><input type="submit" value="删除选择" onclick = 'return del();'>  </td>
      </tr>
  </form>
```

带全选复选功能的学生基本信息记录浏览页面的运行效果如图 7-30 所示。

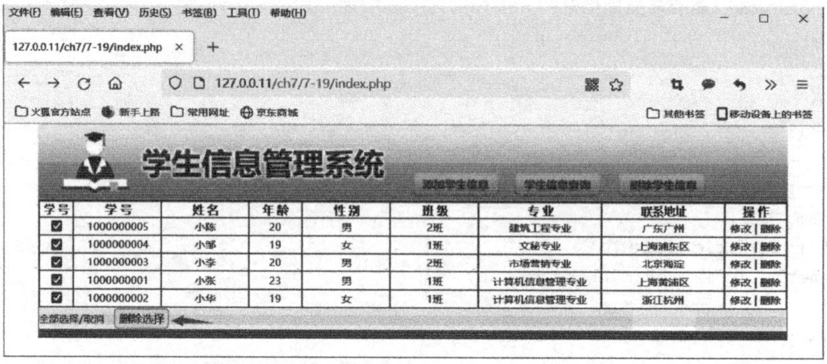

图 7-30　带全选复选功能的学生基本信息记录浏览页面的运行效果

步骤 3：创建 deletep.php 文件，获取表单中提交的数据。首先，判断提交的数据是否为空，如果不为空，则通过 for 语句循环输出复选框提交的值。然后将 for 循环读取的数据作为 DELETE 删除语句的条件，最后通过 mysqli_query0 函数执行删除语句，主要代码如下：

```
  <?php
  header ( "Content-type: text/html; charset=utf-8" ); //设置文件编码格式
  include_once("conn/conn.php");   //连接数据库
    if($_POST['action'] == "delall"){    //判断是否执行删除操作
    if(count($_POST['chk']) <= 0){     //判断提交的删除记录是否为空
        echo "<script>alert('请选择记录');history.go(-1);</script>";
    }else{
  for($i=0;$i<count($_POST['chk']);$i++){  //for 语句循环读取复选框提交的值
  $sql = "delete from stu_info where stu_no = '".$_POST['chk'][$i]."'";   //循环执行删除操作
     mysqli_query($conn,$sql);    //执行删除操作
     }
     echo "<script>alert('删除成功');location='index.php';</script>";
   }}
  ?>
```

学生基本信息删除批处理页面的运行效果如图 7-31 所示。

（a）

图 7-31　学生基本信息删除批处理页面的运行效果

（b）

图 7-31 学生基本信息删除批处理页面的运行效果（续）

小 结

本章介绍了数据库的基本概念及 MySQL 数据库的基本知识，特别在 phpMyAdmin 管理工具中对 MySQL 数据表的基本操作包括创建表、查看表、修改表、删除表及实现在数据表中插入、浏览、修改和删除的基本 SQL 语句进行了系统学习；重点阐述了 PHP 操作 MySQL 数据库的一般流程，使读者能够高效掌握 mysqli 扩展库中常用函数的使用方法，并将 PHP 操作 MySQL 数据库的连接 MySQL 数据库服务器、选择数据库、执行 SQL 语句、获取结果集、关闭 MySQL 数据库服务器连接各环节等知识点结合至学生基本信息管理 PHP Web 站点开发当中，让读者能够深入浅出地领会 PHP Web 站点开发的各项知识，帮助读者能更深层次地掌握 PHP Web 站点相关技术，打好坚实基础。

上机习题

1. 设计一个带分页功能的通讯录管理系统，能够将用户通讯录保存到数据库中，并能对用户通讯录记录做添加、删除、修改和查询操作。

2. 设计一个电子留言公告网站，主要功能有用户注册、登录和退出登录、浏览留言、按关键字能够模糊搜索留言（标题、内容核心词等）、回复留言、修改留言、删除留言等。

3. 设计一个投票系统，主要功能有添加投票主题、设置投票内容和起止时间、投票票数统计、展示投票结果等。

第 8 章 在线考试系统综合实例

8.1 系统设计

8.1.1 需求分析

传统的线下考试以纸质试卷为载体，从组卷、监考、阅卷评分，再到成绩查询，每一步都需要教师人工干预，过程费时费力，工作效率低下；另一方面，主讲教师参与的组卷和评卷过程具有较大的主观性，不能对教学成果进行客观的评价。网络技术和 Web 开发技术的快速发展和成熟，推动了在线考试模式的开展，这种模式在计算机和网络平台上组建各学科的试题库，通过在大量试题中的随机抽取和自动化组卷、测试，并自动完成客观题的阅卷，可以最大限度地节约教师的时间，让老师把精力集中在教学过程，同时提供更全面、客观的教学效果评价方式，反过来督促教师和考生更扎实地开展教学工作。在线考试在各类技能培训及远程教育的考核方面已经得到了广泛的应用。

通过实际调查和需求分析，要求在线考试管理系统提供以下功能：

- 系统基于 B/S 架构，不需要安装客户端即可进行考试。
- 要求提供科目管理和章节管理功能。
- 要求提供题库管理功能，可以动态增减题目。
- 要求提供考生和教师信息管理功能，可以增减考生和教师信息。
- 提供根据指定科目自动组卷功能。
- 要求提供考试时间倒计时功能，使考生实时了解考试剩余时间。
- 客观题由系统自动进行评分，考试结果立即显示。
- 考生可在前端查询考试成绩。
- 系统界面设计美观大方、操作便捷，运行稳定，安全可靠。

8.1.2 系统功能模块

系统涉及三种不同角色的用户：考生、教师和管理员。考生通过账号密码登录前端考试系统，参加教师布置的考试，查询自己的考试成绩。教师登录后台教师管理系统，维护科目和试题库、创建考试和查看考试结果。管理员登录后台管理系统，管理考生和教师的账号，并分配用户权限。

系统功能模块结构如图 8-1 所示。

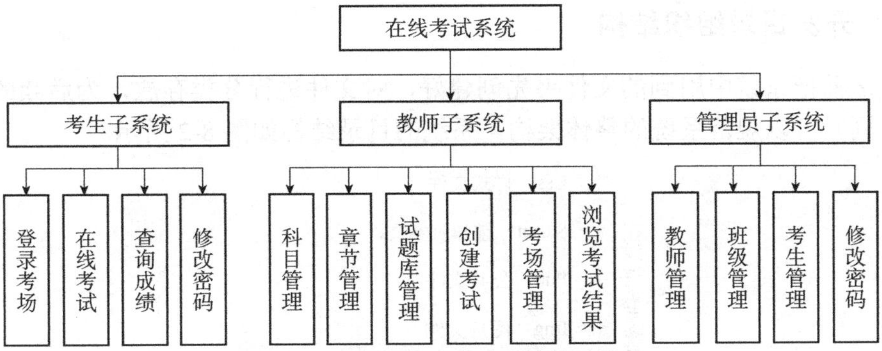

图 8-1　在线考试系统功能模块结构图

1. 考生子系统

（1）登录考场：教师创建考试并设置好考试科目和考试时间后，考生登录考试系统，系统自动进入考场列表，并定时刷新考场列表，当某场考试开始时间到了以后，显示“开始考试”按钮，考生单击后，即可开始答题。

（2）在线考试：考生进入考场后，系统自动按规则抽取试题，在浏览器上显示抽取的试题，并显示考试计时器，在考试结束前 10 分钟，提示考生剩余考试时间，考试时间到后自动提交试卷。考生完成答题也可提前交卷，交卷后系统自动进行客观题的阅卷。

（3）查询成绩：考生可在参加的考试列表中查看自己的考试用时和考试成绩。

2. 教师子系统

教师的主要工作是完善试题库，创建考场和监考。其功能主要包括：

（1）科目管理：用于添加考试科目，每个考试科目有自己的试题库。

（2）章节管理：试题库是按章节进行组织的，因此添加好科目后要先设置科目对应的各个章节。每个章节可以设置一定的抽题比例，自动组卷时根据抽题比例随机抽取题目。

（3）试题库管理：试题根据章节进行分类，包括单项选择题、多项选择题和判断题。根据题型输入题干、选项、参考答案和分值。

（4）创建考试：用于创建某一次具体的考试，指定考试科目、考试的开始时间和时长，并设定抽取的各题型题数。

（5）考场管理：教师可以查看某次考试考生的完成情况，是否开始答题，是否已经交卷。

（6）浏览考试结果：教师浏览某次考试的成绩、用时，并可查看考生的试卷。

3. 管理员子系统

管理员负责对考生、教师身份、系统选项等进行管理。其功能包括：

（1）教师管理：用于添加教师账号、修改教师的登录密码等。

（2）班级管理：用于添加和维护班级信息。

（3）考生管理：用于添加和维护考生的登录帐号，重置考生登录密码。

8.1.3　开发环境

在 Windows10 操作系统平台上，以 PHP 为编程脚本语言，采用的版本是 PHP7.3.21，MySQL8.0.1 为后台数据库，Apache2.2.46 为 Web 服务器，开发一个基于试题库自动抽题，实现在线考试和自动评分的网络考试系统。

8.1.4 开发目录组织结构

在开发之前把系统中用到的文件夹先创建好，对文件进行分类存放，为后续的开发工作提供方便，同时可以规范系统的整体架构。系统的目录结构如图 8-2 所示。

在线考试系统目录结构
- Css：样式文件
- Script：前端脚本文件
- Pub：公共文件
- Img：图片文件
- StudentSys：学生子系统
- TeacherSys：教师和管理员子系统
- Index.php：登录入口

图 8-2 系统目录结构

8.2 数据库设计

8.2.1 数据库设计

数据库设计是设计数据库的逻辑结构和物理结构，为后续软件开发中的系统数据的存储做好准备，数据库设计完成后，系统中用到的数据对象就确定了，编码就有了基础。

在 MySQL 数据库中创建一个名为 Exam 的数据库，用于存放系统相关的课程、章节、题目、考生、教师、试卷等信息。其中，课程由章节构成，在章节的基础上添加试题，考试可以组织多次，每一次考试就是一个考试（考场）记录，一次考试中每个考生都有一张试卷，每一张试卷是由多个题目构成的。

为方便开发和维护，系统中对数据表进行统一的设置，比如每个表的主键都是 Id 字段，并设置为自增字段，每个表都添加了删除标志字段（DeleteFlag），删除记录并不是真的删除，而是将该字段值设为 1，以支持删除数据的恢复。该数据库包含以下数据表。

1. Course

课程表存储各门考试科目的基本信息如表 8-1 所示。

表 8-1 Course（课程信息表）

字段名称	字段含义	数据类型	允许为空	默认值	主/外键
Id	内部唯一号	int	否	自增	主键
Name	课程名称	varchar（200）	否		
Seq	排列序号	int			
Remark	备注	varchar（200）			
DeleteFlag	删除标志	numeric（1，0）	否		

2. Chapter

用于存放课程对应的章节信息，每个章节设置了随机抽题时用到的抽题比例，抽题比例乘以每个题型的抽题数就是这个章节需要抽取的对应题型的题数。章节信息如表 8-2 所示。

表 8-2 Chapter（章节信息表）

字段名称	字段含义	数据类型	允许为空	默认值	主/外键
Id	内部唯一号	int	否	自增	主键
CourseId	课程 Id	int	否		外键
Name	章节名称	varchar（200）	否		
Seq	排列序号	int			
SelectPercent	选题比例	int	否		
Remark	备注	varchar（200）			
DeleteFlag	删除标志	numeric（1，0）	否	0	

3. Question

试题库表用于存放各题目的具体内容，包括题干和选项、参考答案和分值，这里的分值是相对分值，试卷中各题目的相对分值之和再转换成百分制才是最后显示的得分。试题信息如表 8-3 所示。

表 8-3 Question（试题信息表）

字段名称	字段含义	数据类型	允许为空	默认值	主/外键
Id	内部唯一号	int	否	自增	主键
CourseId	课程 Id	int	否		外键
ChapterId	章节 Id	int	否		外键
Type	题型	varchar（200）	否		
Content	题干	varchar（max）	否		
OptionA	选项 A	varchar（100）			
OptionB	选项 B	varchar（100）			
OptionC	选项 C	varchar（100）			
OptionD	选项 D	varchar（100）			
Answer	参考答案	varchar（200）	否		
Score	分值	int	否		
DeleteFlag	删除标志	numeric（1，0）	否	0	

4. Exam

考场信息对应某一次考试，一次考试针对某个班级的考生，指定开考时间、考试时长、各题型抽题数，考生登录时根据考试设置自动随机抽题，生成试卷，因此各考生的试卷都是不一样的，这样对防止作弊起到一定的作用。考试信息表如表 8-4 所示。

表 8-4 Exam（考场信息表）

字段名称	字段含义	数据类型	允许为空	默认值	主/外键
Id	内部唯一号	int	否	自增	主键
CourseId	课程 Id	int	否		外键
Name	考试名称	varchar（200）	否		
UnitId	班级 Id	int			外键
BeginTime	开考时间	datetime	否		

（续表）

字段名称	字段含义	数据类型	允许为空	默认值	主/外键
Minutes	考试时长（分钟）	int	否		
SingleSelectCount	单选题数	int	否		
MultiSelectCount	多选题数	int	否		
JudgeCount	判断题数	int	否		
CreaterId	创建教师 Id	int	否		外键
CreateDate	创建日期	datetime			
Remark	备注	varchar（200）			
DeleteFlag	删除标志	numeric（1，0）	否	0	

5. Paper

试卷信息是某次考试某个考生的试卷主体信息，其中考场 Id、考生 Id 是外键，试卷记录在教师生成考场信息时，就已经添加好，但具体的题目未抽取，这样考生登录系统只要查询 Paper 表就知道自己需要参加哪几场考试，考生登录并开始考试时设置开考时间为当前时间，交卷后设置交卷标志为 1，交卷时间为当前时间，并自动阅卷后设置分数。试卷信息表如表 8-5 所示。

表 8-5　Paper（试卷信息表）

字段名称	字段含义	数据类型	允许为空	默认值	主/外键
Id	内部唯一号	int	否	自增	主键
ExamId	考场 Id	int	否		外键
StudentId	考生 Id	int	否		外键
BeginTime	开始时间	datetime	否		
SubmitFlag	提交标志	numeric（1，0）	否		
SubmitTime	提交时间	datetime	否		
Score	总分	int	否		
DeleteFlag	删除标志	numeric（1，0）	否	0	

6. PaperQuestion

试卷题目是每个试卷中的题目列表，这里 PaperId 外键对应试卷 Id，QuestionId 外键对应题目 Id。试卷的题目是在考生开始考试时由系统随机抽取的。试卷题目表如表 8-6 所示。

表 8-6　PaperQuestion（试卷题目表）

字段名称	字段含义	数据类型	允许为空	默认值	主/外键
Id	内部唯一号	int	否	自增	主键
PaperId	试卷 Id	int	否		外键
QuestionId	题目 Id	int	否		外键
StudentAnswer	考生答案	varchar（200）	否		
Score	得分	int	否		
CorrectFlag	正确标志	numeric（1，0）	否	0	
DeleteFlag	删除标志	numeric（1，0）	否	0	

7. Unit

班级信息用于维护考生所在的班级，因为考试通常以班级为主体进行，所以在考场信息中关联班级 Id，通过班级 Id 生成该班级下所有考生的试卷。班级信息表如表 8-7 所示。

表 8-7　Unit（班级信息表）

字段名称	字段含义	数据类型	允许为空	默认值	主/外键
Id	内部唯一号	int	否	自增	主键
Name	班级名称	varchar（200）	否		
Remark	备注	varchar（200）			
DeleteFlag	删除标志	numeric（1，0）	否	0	

8. Users

用户信息表（表 8-8），考生、教师和管理员存在共性，为了身份校验和数据统计方便，将三者统一抽象为用户，存放在用户表中，通过用户类型字段来区分，用户信息统一由管理员进行维护。系统登录时根据登录用户的类型来决定切换到哪个子系统。

表 8-8　Users（用户信息表）

字段名称	字段含义	数据类型	允许为空	默认值	主/外键
Id	内部唯一号	int	否	自增	主键
Type	用户类型，包括考生、教师和管理员	varchar（30）	否		
UnitId	班级/单位 Id	int	否		外键
Code	用户编号（学号或工号）	varchar（30）	否		
LoginName	登录账号	varchar（50）	否		
Password	登录密码	varchar（50）	否		
Name	姓名	varchar（50）	否		
LoginTime	最近登录时间	datetime			
LoginCount	登录次数	int		0	
Remark	备注	varchar（200）			
DeleteFlag	删除标志	numeric（1，0）	否	0	

8.2.2　连接和操作数据库

在数据库相关的软件项目中，因为有很多模块都需要对数据库进行操作，访问数据库的操作通常存在共性：都需要先连接，再执行操作，最后关闭连接，而且都通过 SQL 语句来操作数据库。为了减少重复劳动，将精力集中在系统的业务处理流程中，将访问数据库的增、删、查、改操作的操作封装成公用的函数或类，开发人员只需要提供 SQL 语句来调用这些公用函数或方法，不需要去记忆具体的连接和操作过程，从而提高了开发效率，也增强了系统的稳定性。

本系统中数据库的公用函数在 Database.php 文件中。

（1）数据库查询：查询需要返回查询的结果集，函数代码如下：

```
<?php
function DBQuery($sql) {
```

```
    global $DBConn;

    DBConnect(); // 连接数据库

    // 将 SQL 语句提交
    $rs = mysqli_query($DBConn,$sql);
    if(!$rs) { // 判断结果集是否存在,不存在则抛出异常
        DBCheckError($sql);
    }

    return $rs; // 返回结果集
}
?>
```

（2）数据库更新：数据库插入记录、更新记录和删除记录都提供相应的 SQL 语句，不需要返回结果集，因为三者调用形式一样，将其统一成一个更新函数，代码如下：

```
<?php
function DBUpdate($sql) {
    global $DBConn;
    DBConnect();   // 连接数据库
    $ret = mysqli_query($DBConn, $sql); // 提交更新
    DBClose();   // 关闭连接
    if(!$ret){  // 判断更新结果
        DBCheckError($sql);
        return false;
    }

    return true;
}
?>
```

（3）数据库连接：查询和更新函数前面都调用了连接数据库函数 DBConnect，其获得连接对象作为全局变量共享，代码如下：

```
// 连接数据库
function DBConnect() {
    global $DBConn, $DBError;
    $DBServerName = "127.0.0.1"; // 数据库地址,要根据具体变更
    $DBLoginName = "root";       // 登录账号,要根据具体变更
    $DBPassword = "123456";      // 登录密码,要根据具体变更
    $DBDatabase = "Exam";        // 数据库名称,要根据具体变更

    if(!$DBConn) {
        $DBConn = mysqli_connect($DBServerName, $DBLoginName, $DBPassword, $DBDatabase);
// 根据参数连接
    }

    if(!$DBConn) {
       RaiseException("连接数据库失败: " . mysqli_error($DBConn));
    exit();
    return;
}
}
?>
```

（4）数据库关闭连接：在数据库操作完成后需要关闭连接以释放连接占用的资源，在每

个页面的尾部 Footer.php 中调用了 DBClose 函数，关闭本页面中用到的连接，这样在页面代码中不需要去关心数据库连接是否关闭，关闭连接的代码如下：

```
<?php
function DBClose() {
    global $DBConn;
    if( $DBConn ) {
       mysqli_close( $DBConn );
       $DBConn = null;
    }
}
?>
```

（5）数据库插入和更新的简化：插入和更新的 SQL 语句通常涉及多个字符串的拼接，在字段数量较多时容易出错，系统采用关联数组来解决这个问题，关联数组实际上按字段名称保存了一条记录的数据，可以通过字段名称来更新关联数组中的值，然后把关联数组和主键信息提交给更新函数，由更新函数自动生成更新或插入的 SQL 语句，函数根据主键判断数据库是否存在当前记录，如果已存在，则生成更新语句，否则生成插入语句，然后将 SQL 语句交给前面的 DBUpdate 函数写入数据库。关联数组更新函数代码如下：

```
<?php
// $sql 里用于查询记录是否存在,是主键和值组成的 SQL,$rowUpdate 是关联数组
function DBUpdateRow($sql, $rowUpdate) {
    global $DBConn;

    DBConnect();    // 连接数据库
    $rs = mysqli_query($DBConn, $sql);  // 查询原记录
    if(!$rs){
       DBCheckError($sql);
       return false;
    }

    $rowOld = mysqli_fetch_array($rs);  // 原记录信息保存在$rowOld 中

    // 分析表名
    $tableName = mysqli_fetch_field_direct($rs, 0)->table;

    // 分析条件
    $where = "";
    $beginPos = InStr(strtoupper($sql), " WHERE ");
    if( $beginPos > 0) {
       $where = substr( $sql, $beginPos + 1);
    }

    // 如果记录不存在,则插入
    if( mysqli_num_rows( $rs ) <= 0 ) {
       $sql = "INSERT INTO " . $tableName . "(";
       foreach( $rowUpdate as $fieldName => $fieldValue ) {
          $sql = $sql . $fieldName . ",";
    }
    $sql = substr($sql, 0, strlen($sql) - 1) . ") VALUES("; foreach( $rowUpdate as $fieldName =>
$fieldValue ) {
       // 根据字段的数据类型组装 SQL 语句
       $fieldType = DBGetFieldType($rs, $fieldName);
       if( $fieldType == "int" || $fieldType == "real" ) {
```

```
            if( strval($fieldValue) == "" ) {
                $sql = $sql . "NULL,";
             } else {
                $sql = $sql . $fieldValue . ",";
             }
        }else{
            $sql = $sql . "'" . $fieldValue . "',";
        }
    }
    $sql = substr($sql, 0, strlen($sql) - 1) . ")";
  } else {  // 已存在则更新
    $sql = "UPDATE " . $tableName . " SET ";
    foreach( $rowUpdate as $fieldName => $fieldValue ) {
       // 根据字段的数据类型组装 SQL 语句
       $fieldType = DBGetFieldType($rs, $fieldName);
       if( $fieldType == "int" || $fieldType == "real" ) {
           if( strval($fieldValue) == "" ) {
               $sql = $sql . $fieldName . "=NULL,";
           } else {
               $sql = $sql . $fieldName . "=" . $fieldValue . ",";            }
           }else{
               $sql = $sql . $fieldName . "='" . $fieldValue . "',";          }
    }
    $sql = substr($sql, 0, strlen($sql) - 1) . " " . $where;
}
return DBUpdate( $sql );  // 提交 SQL 语句
}
?>
```

（6）查询单条记录和单个字段的特殊处理。

业务处理中经常要获取一行记录的信息，比如根据用户 Id 获取用户的信息，如果用DBGetQuery()函数查询记录集，在取记录前需要先判断有没有记录，为了简化操作，定义DBGetRow()函数用于获取一行数据，即使没有记录，系统也自动给它添加一条空记录，从而避免错误，代码如下：

```
<?php
function DBGetRow($sql) {
    $rs = DBQuery($sql);
    $row = mysqli_fetch_array($rs);
    if( !$row ) {
       $row = array();
       while ($fieldinfo = mysqli_fetch_field($rs)) {
       $row[$fieldinfo->name] = "";
    }
}

return $row;
}
?>
```

另一个常规操作是查询某一行某一列的值，比如根据用户 Id 查询其用户名称。同样，如果采用 DBQuery()函数需要先获取记录集，然后再按字段名称获取，为了提高效率直接根据SQL 返回结果，定义 DBGetString()、DBGetInt()、DBGetDate()等函数，用于获取一行一列数据。其他数据类型是先调用 DBGetString()函数，然后将结果进行数据类型转换，其中

DBGetString()的代码如下：

```
<?php
function DBGetString($sql) {
   $ret = "";

   $rs = DBQuery($sql);
   $row = mysqli_fetch_row($rs);
   if(mysqli_num_rows($rs) > 0) {
       $ret = $row[0];
  }

   return $ret;
}
?>
```

8.3　功能模块设计

8.3.1　公共头部和尾部设计

系统的每个页面开始时都要做一些类似的事情：

（1）PHP 网页要在浏览器中显示，最新发给浏览器的内容是 HTML 头部的信息，每个网页的头部信息几乎是一致的。

（2）为了校验用户的身份，通常是在登录页面中将当前用户的 Id 信息保存在 Session 变量中，系统采用 LoginUserId 来保存用户 Id，然后在登录完成后的页面中，检查 Session 变量是否存在，需要注意的是 PHP 脚本程序使用 Session 前需要调用 session_start()函数进行初始化，该函数从存储中加载相应的 Session 变量值。

（3）需要包含数据库操作的公共函数库，常规的自定义函数库和控件库等。

（4）需要添加常规的 CSS 和 JavaScript 脚本的引用声明。

为了提高开发效率，将这些公共的部分汇集到一个头文件中，形成 Header.php 文件，代码如下：

```
<?php
session_start();
header("Content-Type:text/html;charset=UTF-8");

include_once("../Pub/Database.php"); // 数据库公共函数库
include_once("../Pub/Fun.php");      // 自定义公共函数库
include_once("../Pub/Control.php");  // 公共 HTML 控件库

// 通过 Session 完成用户身份验证
if(!isset($_SESSION["LoginUserId"]) || $_SESSION["LoginUserId"] == ""){
   echo("<a href='/' target='_top'>登录超时,请重新登录</a>");
   exit();
}
?>

<!--HTML 的公共头部-->
<!DOCTYPE html>
<html>
<head>
```

```
    <title>在线考试系统</title>
    <meta http-equiv="Content-Type" content="text/html; charset=UTF-8">
    <meta http-equiv="Cache-Control" content="private,must-revalidate">
    <link rel="StyleSheet" href="/Css/Style.css">
    <script src="/Script/jQuery.js"></script>
    <script src="/Script/Script.js"></script>
</head>
```

前面提到数据库使用完需要关闭，因此每个页面的最后形成公共的尾部文件 Footer.php，添加了关闭数据库操作和公共的 HTML 尾部，代码如下：

```
<?php
  DBClose();
?>
<iframe id="HiddenFrame" name="HiddenFrame" height="0"></iframe>
</body>
</html>
```

其中的 iframe 是个隐藏帧，用于隐式的表单提交，将表单的 target 属性设为 HiddenFrame 后，页面提交就不会在本页面中或打开新页面，把操作结果信息直接通过对话框呈现给用户，让用户感觉像是在操作桌面应用程序，从而提高用户体验。

考试系统登录模块

8.3.2 用户登录模块设计

系统中各类用户由于采用了统一的用户表 Users 保存登录信息，因此可以从单一入口进入系统，登录界面如图 8-3 所示。

图 8-3　系统登录界面

实现登录功能需要登录表单和后台身份校验代码，前面登录的表单显示页面不涉及 Session 变量，因此不需要添加 Header.php，可采用静态代码，代码如下：

```
<!DOCTYPE html>
<html>
<head>
    <title>在线考试系统</title>
    <meta http-equiv="Content-Type" content="text/html; charset=UTF-8">
```

```
    <link rel="StyleSheet" href="/Css/Style.css">
</head>

<body class="BodyLogin">
<form method="POST" action="Login.php">
    <div><input name="LoginName" placeholder="账号" class="Input"></div>
  <div><input type="password" name="Password" placeholder="密码" class="Input"></div>
    <div class="FormButtons">
<button type="Submit" class="BigButton">登录</button>
</div>
</div>
</form>
</body>
</html>
```

用户填好账号和密码后，提交到 Login.php 的代码页面，该页面的主要代码如下：

```
<?php
session_start();   // SESSION 初始化

include_once("Pub/Database.php");  // 公共数据库操作函数库
include_once("Pub/Fun.php");       // 公共自定义函数库

$loginName = GetParm("LoginName");  // 获取用户输入的账号和密码
$password = GetParm("Password");

$sql = "SELECT Id, Type, Password, Name FROM Users";
$sql .= " WHERE LoginName = '" . $loginName . "'";
$row = DBGetRow( $sql );   // 根据账号查询用户信息

$truePassword = $row["Password"];
if($password == "" || md5($password) != $truePassword) {
    Alert("账号或密码错误");
    Redirect("Index.php");
    return;
}

// 设置 Session 变量,保存会话信息,用于后续的身份认证
SetSession("LoginUserId", $row["Id"]);

// 更新当前用户的登录次数和登录日期
$sql = "UPDATE Users SET LoginCount = LoginCount + 1";
$sql .= ", LoginTime = '" . GetDateTime() . "'";
$sql .= " WHERE Id = " . $row["Id"]
DBUpdate($sql);

// 根据登录用户的类型跳转到不同的子系统中
if($row["Type"] == "教师" || $row["Type"] == "管理员" ){
    Redirect("/TeacherSys/Frame.php");
}else{
    Redirect("/StudentSys/Frame.php");
}
?>
```

Session 初始化完成后，调用了公共函数库中的 GetParm()，根据输入控件名称来获取用户输入的信息，像 SQL 注入等攻击手段通常是在用户通过表单提交的信息中插入了特殊字符，

让系统或数据库执行了错误的指令。系统中所有获取用户输入数据的地方都用 GetParm()函数来获取，该函数对特殊字符进行了过滤，有效提高了系统的安全性。系统用 md5 方式对用户的密码进行加密保存，防止密码明文泄漏。DBGetRow()是用于获取一行数据数据库公共函数封装，其他像 SetSession()、GetDateTime()、Alert()和 Redirect()等函数都是自定义的公共函数。

8.3.3 系统框架页面的设计

用户登录后切换到框架页面，界面如图 8-4 所示。

图 8-4 系统框架页面

框架页面包含头部和主体部分，主体部分采用 iframe 来实现，代码如下：

```
<?
   include_once("../Pub/Header.php");
?>
<body class="BodyFrame">
<div class="FrameHeader">
    <ul class="FrameMainMenu">
      <li><a href="CourseList.php" target="Main">试题库管理</a></li>
      <li><a href="ExamList.php" target="Main">考场管理</a></li>
      <li><a href="UnitList.php" target="Main">班级管理</a></li>
      <li><a href="UserList.php" target="Main">用户管理</a></li>
    </ul>
    <ul class="FrameTopMenu">
      <li class="UserIcon">欢迎您,<?
       $loginUserId = GetSession("LoginUserId");
       $sql = "SELECT Name FROM Users WHERE Id = $loginUserId";
       echo( DBGetString($sql) );
    ?></li>
      <li><a href="../Logout.php">退出</a></li>
    </ul>
</div>

<div class="FrameBodier">
    <iframe name="Main" src="CourseList.php" frameborder="0"></iframe>
</div>
<?
    include_once("../Pub/Footer.php");
?>
```

网页分上下两部分，采用弹性布局排版，使其刚好满屏显示。使用 iframe 的好处是内嵌的页面不会受到外面框架页面的干扰，每个内页都像一个新的页面一样设计即可。

8.3.4 考试科目维护模块设计

考试科目维护模块

后台系统对信息维护的模块存在一些共性：先分页列出基本信息列表，单击“新增”按钮时弹出新增页面，列表中的记录单击“修改”按钮时弹出修改的页面，可以对列表的记录单击“删除”操作。

1. 列表页实现

考试科目列表的实现代码如下：

```
<?
  include_once("../Pub/Header.php"); // 公共头文件
  include_once("../Pub/Pager.php");  // 公共分页导航文件
?>
<body class="Body">
<form name="Form1" method="POST" action="?">
<div class="Searchbar">
  <input name="Search" placeholder="关键词" class="Input">
  <button class="Button">查询</button>
  <button type="button" class="Button" onclick="javascript:Redirect('CourseNew.php');">新增
</button>
</div>
<div class="Caption">课程管理</div>
<table class="TableList">
    <tr>
        <th width="5%">序号</th>
        <th width="20%">课程名称</th>
        <th width="10%">试题数</th>
        <th width="20%">备注</th>
        <th width="10%" class="Center">操作</th>
    </tr>
<?
$sql = "SELECT * FROM Course WHERE DeleteFlag = 0";

// 支持模糊查询
$search = GetParm("Search");
if($search != ""){
    $sql .= " AND Name LIKE '$search%'";
}

$rs = PageQuery($sql); // 分页获取数据

// 循环输出记录集
$seq = 1;
while($row = DBMoveNext($rs)) {
    $chapterUrl = "ChapterList.php?CourseId=" . $row["Id"];
    $questionUrl = "QuestionList.php?CourseId=" . $row["Id"];
    $editUrl = "CourseEdit.php?Id=" . $row["Id"]; // 修改链接
    $deleteUrl = "CourseDelete.php?Id=" . $row["Id"];

    echo("<tr>");
    echo(" <td class='Center'>" . $seq . "</td>");
    echo(" <td>" . $row["Name"] . "</td>");
```

```
        echo(" <td class='Center'>" . $row["QuestionCount"] . "</td>");
        echo(" <td>" . $row["Remark"] . "</td>");
        echo(" <td class='Center'>");
        echo("   <a href=\"" . $chapterUrl . "\">[章节]</a>");
        echo("  <a href=\"" . $questionUrl . "\">[题库]</a>");
        echo("  <a href=\"" . $editUrl . "\">[改]</a>");
        echo("   <a href=\"javascript:DeleteConfirm('" . $deleteUrl . "');\">[删]</a>");
        echo(" </td>");
        echo("</tr>");

        $seq ++;
    }
    ?>
    </table>
    <?php
      PageShow(); // 分页导航显示
    ?>
    </form>
    <? include_once("../Pub/Footer.php") ?>
```

列表页首先输出一个 Table 的表头，然后组装查询的 SQL 语句，查询数据库获得记录集，然后将记录集按条输出，DBMoveNext()实际上是调用系统的 mysqli_data_seek()函数，如果没有下一条记录，该函数则会返回空对象，终止循环输出。

2. 分页功能实现

在记录数较多的页面中，如果输出全部记录，会影响系统打开的效率，也容易造成数据库死锁，解决的方案是分页显示。本模块的难点在于分页获取数据和分页导航的输出，为方便引用，将公共的分页函数放在 Pager.php 文件中，其中分页获取数据函数 PageQuery()代码如下：

```
<?php
$PageSize = 30; // 每页显示记录数
$PageCount = 0; // 总页数
$PageId = 1;    // 当前页码

function PageQuery($sql) {
   global $PageSize, $PageCount, $PageId;

  $CountSQL = "SELECT COUNT(*) AS RecordCount " . stristr($sql, " FROM ");
  $RecordCount = DBGetInt($CountSQL); // 获取记录数
  $PageCount = floor($RecordCount / $PageSize);//页数
  // 每页分完有剩余记录时,页数加一
  if($RecordCount % $PageSize != 0 || $PageCount == 0)
      $PageCount ++;

      $PageId = GetIntParm("Page"); // 获取当前页码,保存在分页导航中

      if($PageId < 1)
         $PageId = 1;

      if($PageId > $PageCount)
         $PageId = $PageCount;

         $StartRecord = ($PageId - 1) * $PageSize;
```

```
        // 通过 SQL 语句中的 LIMIT 指令来截取指定页码的记录
        $sql .= " LIMIT " . $StartRecord . "," . $PageSize;

        $rs = DBQuery($sql);
        return $rs;
}
?>
```

需要分页功能的页面只要包含 Pager.php，并且用 PageQuery 来代替 DBQuery( )函数即可。分页的页面最后需要输出页码的导航，方便用户切换页面，在页面最后调用 PageShow 函数即可输出，其实现代码如下：

```
<?php
function PageShow($Parm = "") {
    global $PageSize, $PageCount, $PageId;

    PageUrlPrefix= "<a href='" . $_SERVER["SCRIPT_NAME"] . . "?Page=1"; // 当前页面地址
    echo("<div class='Pager'>");
    echo($PageUrlPrefix ."1&" . $Parm . "'>[第一页]</a> ");

    if($PageId == 1) {
       echo("[上一页] ");
    }else {
       echo($PageUrlPrefix .($PageId-1)."&".$Parm."'>[上一页]</a> ");
  }

    for($i = $PageId - 15; $i < $PageId + 15; $i ++) {
       if($i > 0 && $i <= $PageCount) {
          if($i == $PageId) {
             echo("<u>" . $i . "</u> ");
          } else {
             echo("$PageUrlPrefix.$i."&".$Parm."'>". $i . "</a> ");
          }
       }
  }

  if($PageId == $PageCount) {
     echo("[下一页] ");
  }else {
     echo($PageUrlPrefix.($PageId + 1)."&".$Parm."'>[下一页]</a> ");
}

  echo($PageUrlPrefix.$PageCount."&".$Parm."'>[最后一页]</a>");
  echo("(" . $PageId . "/" . $PageCount . ")</div>");
}
?>
```

其中的$Parm 参数是用于传递额外的参数的，比如用户在查询框中输入的查询条件，由于 HTTP 协议的无状态特征，在分页时需要将查询条件附加到 URL 参数中传递给下一个显示的页面。

3. 新增和修改功能实现

用户需要新增考试科目时单击列表上方的“新增”按钮，需要修改已有记录时，在对应记录的操作栏中单击“修改”链接，新增和修改都是提供信息输入界面给用户输入的，然后保存数据，以修改功能为例进行说明。

用户单击的“修改”链接中附加了 Id 参数，该参数就是当前需要修改的记录主键 Id，修改页面如图 8-5 所示。

图 8-5　修改科目界面

修改页面的代码如下：

```
<?php
include_once("../Pub/Header.php");
$id = GetIntParm("Id"); // 获取传递的 Id 参数
// 根据 Id 获取需要修改的科目信息
$sql = "SELECT * FROM Course WHERE Id = " . $id;
$row = DBGetRow( $sql );
?>

<body class="Body">
<form name="Form1" method="POST" action="CourseEditSave.php" target="HiddenFrame">
<input type="hidden" name="Id" value="<?=$id?>">
<div class="Caption">新增课程</div>
<table class="FormTable">
  <tr>
    <td class="Label">科目名称</td>
    <td><input name="Name" value="<?=$row["Name"]?>" class="Input"></td>
  </tr>

  <tr>
    <td class="Label">备注</td>
    <td><input name="Remark" value="<?=$row["Remark"]?>" class="Input"></td>
  </tr>

  <tr>
    <td class="Label"></td>
    <td class="FormButtons">
        <button type="Submit" class="Button">提交</button>
    </td>
</tr>
</table>
</form>
<? include_once("../Pub/Footer.php") ?>
```

修改页面上先根据 Id 参数获取需要修改的记录信息，保存在关联数组$row 中，在下面的修改表单中用$row["字段名"]的方式获取字段内容并赋给 HTML 输入框控件进行显示，表单中还加入了一个隐藏域，即 hidden 类型的 input 控件，用于保存当前修改的 Id，通过表单再将 Id 传给保存页面，用户通过输入框进行修改相关信息后，单击“提交”按钮，提交到表单 form 的 action 指定的保存信息页面 CourseEditSave.php，代码如下：

```
<?php
```

```
include_once("../Pub/Header.php");
include_once("../Pub/Fun.php");

if(GetParm("Name") == ""){  // 检查输入内容
  Alert("请输入课程名称");
  return;
}

$id = GetIntParm("Id"); // 当前修改的科目 Id,通过隐藏域传递
$sql = "SELECT * FROM Course WHERE Id = " . $id;

// 通过关联数组保存用户输入数据
$row["Name"] = GetParm("Name");
$row["Remark"] = GetParm("Remark");
// 提交更新
DBUpdateRow($sql, $row);
// 刷新列表页
RedirectParent("CourseList.php");
?>
```

表单的 target 属性设成 HiddenFrame，这是在 Footer.php 中添加的隐藏帧控件，这样用户提交后不会切换页面。由于保存的页面是在隐藏帧中调用的，列表页是隐藏帧的 Parent，所以通过 RefreshParent 来重新刷新列表页。RedirectParent 是输出前端的 JavaScript 脚本来重设地址，其代码如下：

```
<?php
function RedirectParent($url) {
  echo("<script>");
  echo("     window.parent.location.href = '$url';");
  echo("</script>");
  @DBClose();
  exit();
}
?>
```

由于页面中途跳转，后面的代码不再执行，不会执行 Footer.php 中的关闭数据库函数命令，所以在这里调用关闭数据库的函数。新增科目的功能实现与修改的功能类似，只是没有传递 Id 参数。删除操作也通过传递的 Id 参数来构造删除记录的 SQL 语句，这里不再赘述。

8.3.5 试题库管理模块

信息维护的页面如果都采用考试科目维护一样的模式，那新增界面、新增保存、修改界面、修改保存、删除记录都需要一个单独的 PHP 文件来完成，显得有些累赘。一种解决方案是把新增和修改的功能进行合并，同时把界面文件和保存功能合并。合并的方法是在界面文件的表单中添加一个 Action 参数，表单的 Action 指向当前文件自己。当用户直接打开页面时，该 Action 参数为空，系统执行显示界面的代码；在已经打开界面后用户再提交表单，则是带有 Action 参数的，系统执行表单提交后的保存操作。下面以添加和修改试题的功能为例来说明。

添加和修改试题的界面如图 8-6 所示。

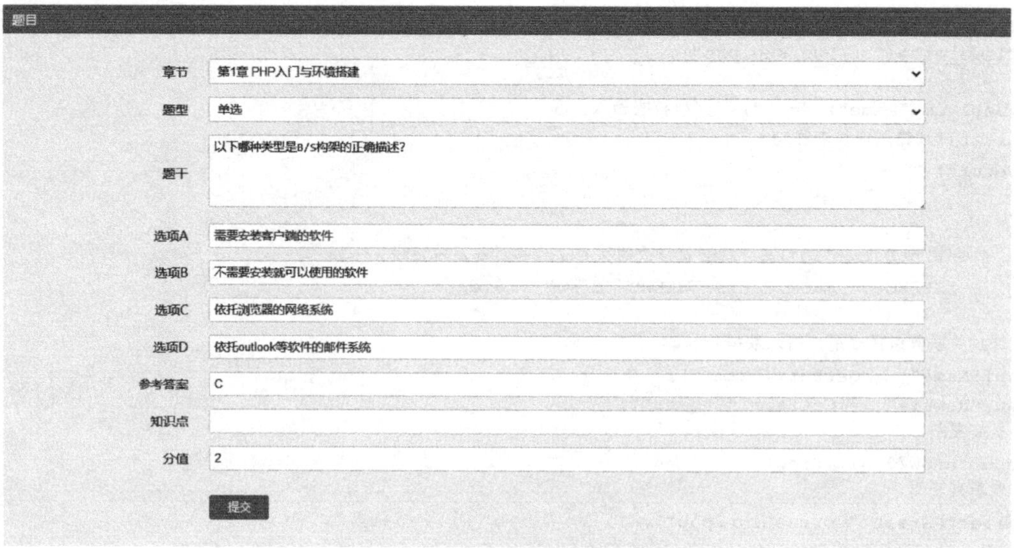

图 8-6　添加和修改题目界面

页面打开时获取传递的 Id 参数，即需要修改的试题的 Id，当作为新增试题页面调用时，该参数为空，GetIntParm()函数会自动将空值转换为 0，当 Id 为 0 时记录是不存在的，但是前面提到的 DBGetRow()函数用于获取一行记录，即使没有记录，也会返回一条空记录，这样在修改界面中也可以通过$row 来获取空的字段值，新增和修改两者功能就可以统一实现。

```
<?php
$id = GetIntParm("Id");
$sql = "SELECT * FROM Question WHERE Id = " . $id;

$row = DBGetRow( $sql );
if($id == 0){
  // 当 Id 为 0 时表示是新增,传递当前科目的 Id
  $row["CourseId"] = GetIntParm("CourseId");
}
?>
<body class="Body">
<form name="Form1" method="POST" action="?" target="HiddenFrame">
   <input type="hidden" name="Action" value="Save">
   <input type="hidden" name="Id" value="<?=$id?>">
   <input type="hidden" name="CourseId" value="<?=$row["CourseId"]?>">

   <div class="Caption">题目</div>
   <table class="FormTable">
    <tr>
       <td class="Label">章节</td>
       <td>
          <?SelectBoxSQL("ChapterId", "SELECT Id, Name FROM Chapter WHERE CourseId = " . $
row["CourseId"] . " ORDER BY Seq", $row["ChapterId"]);?>
       </td>
   </tr>

   <tr>
      <td class="Label">题型</td>
      <td><?SelectBox("Type", "单选;多选;问答", $row["Type"]);?></td>
   </tr>
```

```
    <tr>
       <td class="Label">题干</td>
       <td>
          <textarea name="Content" style="height:80px;" class="TextArea"><?=$row["Content"]
?></textarea>
       </td>
    </tr>

    <tr id="RowA">
        <td class="Label">选项 A</td>
        <td><input name="OptionA" value="<?=$row["OptionA"]?>" class="Input"></td>
    </tr>

    <tr id="RowB">
        <td class="Label">选项 B</td>
        <td><input name="OptionB" value="<?=$row["OptionB"]?>" class="Input"></td>
    </tr>

    <tr id="RowC">
        <td class="Label">选项 C</td>
        <td><input name="OptionC" value="<?=$row["OptionC"]?>" class="Input"></td>
    </tr>

    <tr id="RowD">
        <td class="Label">选项 D</td>
        <td><input name="OptionD" value="<?=$row["OptionD"]?>" class="Input"></td>
    </tr>

    <tr>
        <td class="Label">参考答案</td>
        <td>
           <input name="Answer" value="<?=$row["Answer"]?>" class="Input">
        </td>
    </tr>

    <tr>
        <td class="Label">知识点</td>
        <td>
           <input name="Knowledge" value="<?=$row["Knowledge"]?>" class="Input">
        </td>
    </tr>
    <tr>
        <td class="Label">分值</td>
        <td>
           <input name="Score" value="<?=$row["Score"]?>" class="Input">
        </td>
    </tr>

    <tr>
        <td class="Label"></td>
        <td class="FormButtons">
            <button type="Submit" class="Button">提交</button>
        </td>
    </tr>
  </table>
 </form>
```

表单中通过隐藏域添加了 Action 参数，通过这个参数实现界面和保存代码的合并。保存试题信息的代码放在页面的最前面，根据 Action 参数来进行跳转，代码如下：

```
<?php
$action = GetParm("Action");
if($action == "Save") {
    $courseId = GetIntParm("CourseId");
    if($courseId == 0){
        Alert("请输入选择课程");
        return;
    }
    $chapterId = GetIntParm("ChapterId");
    if($chapterId == 0){
        Alert("请输入选择章节");
        return;
    }

    if(GetParm("Content") == ""){
        Alert("请输入题干");
        return;
    }

    $id = GetIntParm("Id");
    $sql = "SELECT * FROM Question WHERE Id = " . $id;

    $row["CourseId"] = $courseId;
    $row["ChapterId"] = $chapterId;
    $row["Type"] = GetParm("Type");
    $row["Content"] = GetParm("Content");
    $row["OptionA"] = GetParm("OptionA");
    $row["OptionB"] = GetParm("OptionB");
    $row["OptionC"] = GetParm("OptionC");
    $row["OptionD"] = GetParm("OptionD");
    $row["Answer"] = GetParm("Answer");
    $row["Knowledge"] = GetParm("Knowledge");
    $row["Score"] = GetIntParm("Score");

    // 这里根据 Id 会自动实现新增或修改
    DBUpdateRow($sql, $row);

    // 更新科目试题数
    $sql = "UPDATE Course SET QuestionCount = (SELECT COUNT(*) FROM Question WHERE CourseId
= Course.Id AND DeleteFlag = 0) WHERE Id = $courseId";
    DBUpdate(sql);

    // 刷新列表界面
    RedirectParent("QuestionList.php?CourseId=$courseId");
Exit();
}
?>
```

修改界面上用到了 SelectBox 和 SelectBoxSQL 的自定义控件，用于显示下拉列表，下拉列表的选项如果是一个字符串，就用 SelectBox，如果选项来源于数据库，那就用 SelectBoxSQL。其中，SelectBox 的代码如下：

```
<?php
```

```
function SelectBox($controlName, $optionString, $selectedValue, $firstOption = "") {
$options= explode(";", $optionString);

echo("<select id='" . $controlName . "' name='" . $controlName . "' class='Select'>");

if($firstOption != "") {
    echo("<option value=''>--" . $firstOption . "--</option>");
}

foreach( $options as $option) {
    $pos = InStr( $option, "=");
    if( $pos > 0) {
        $optionName = substr($option, $pos + 1);
        $optionValue = substr($option, 0, $pos);
    } else {
        $optionName = $option;
        $optionValue = $option;
    }

    if( $optionValue == "") {
        continue;
    }

    $selected = "";
    if( $optionValue == $selectedValue ) {
        $selected = " selected";
    }

    echo("<option value='" . $optionValue . "'" . $selected . ">" . $optionName . "</option>");
    }

    echo("</select>");
}
?>
```

例如，提供“1=是；0=否；2=其他”字符串给$optionString 参数，根据分号将其拆分成多个选项，每个选项在等号前是值，等号后是显示文本，用于 select 标签的 option 进行显示。$selectedValue 表示当前选中的值，$firstOption 表示第一个默认选项的显示文本。

不同题型显示的界面不一样，例如，判断题不需要输入各个答题选项，通过前端 JavaScript 脚本根据题型实现隐藏和显示，脚本代码如下：

```
<script>
 $(function(){OnChangeType();});    // 页面一显示就根据题型刷新界面
 $("#Type").change( OnChangeType); // 当用户变更题型时刷新界面
 function OnChangeType(){
   var type = $("#Type").val(); // 获取题型
   var optionShowFlag = type!="单选" || type == "多选";
 if( !optionShowFlag){
      $("#RowA").hide(); $("#RowB").hide();
      $("#RowC").hide(); $("#RowD").hide();
   } else{
      $("#RowA").show(); $("#RowB").show();
      $("#RowC").show(); $("#RowD").show();
   }
}
</script>
```

8.3.6 考场模块设计

考生登录系统后系统显示当前考生的考试记录，每条考试记录相当于一个考场。系统根据保存在 Session 中的当前用户 Id 变量 LoginUserId 来查询 Paper 表，获取考生的所有考场。考场模块界面如图 8-7 所示。

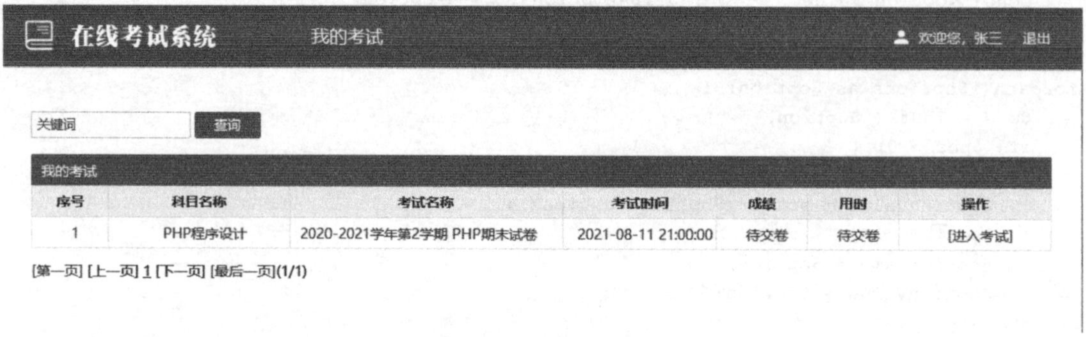

图 8-7 考场模块界面

前面的列表中页面刷新时是整个页面刷新，在用户看来会有抖动，影响用户体验，解决方法是采用 Ajax 局部刷新技术来刷新内容。在考场模块中，某个考试开始时间未到时，系统要在操作栏显示“考试还未开始”，考试时间到了要显示进入考试的链接，因此页面要不断进行刷新，假如采用整页刷新方式，页面会一直抖动，因此改用 Ajax 局部刷新技术，实现代码如下：

```
<?php
    include_once("../Pub/Header.php");
    include_once("../Pub/Pager.php");

    //刷新函数中加了 Action 参数,当 Action 为 Refresh 时表示是局部刷新
    $action = GetParm("Action");
    if( $action == "Refresh"){
        // 清除 Header.php 中输出的 HTML 头部,刷新的 div 区不需要 HTML 头部
        ob_clean();
        // 输出列表内容
        echo("<table class='TableList'>");
        echo("  <tr>");
        echo("    <th width='5%'>序号</th>");
        echo("    <th width='12%'>科目名称</th>");
        echo("    <th width='18%'>考试名称</th>");
        echo("    <th width='10%'>考试时间</th>");
        echo("    <th width='6%'>成绩</th>");
        echo("    <th width='6%'>用时</th>");
        echo("    <th width='10%' class='Center'>操作</th>");
        echo("  </tr>");

        // 查询当前用户对应的考场列表
        $sql = "SELECT Paper.*, Exam.Name AS ExamName, Exam.BeginTime AS ExamBeginTime,
Exam.Minutes, Course.Name AS CourseName";
        $sql .= " FROM Paper";
        $sql .= " LEFT JOIN Exam ON ExamId = Exam.Id";
        $sql .= " LEFT JOIN Course ON CourseId = Course.Id";
        $sql .= " WHERE StudentId = " . GetSession("LoginUserId");
```

```
        $search = GetParm("Search");
        if($search != ""){
            $sql .= " AND ( Exam.Name LIKE '$search%' OR Course.Name LIKE '$search%')";
        }

        $rs = PageQuery($sql);  // 分页
        $now = ToDate(GetDateTimeString()); // 当前时间
        $seq = 1;
        while($row = DBMoveNext($rs)) {
                $examUrl = "Exam.php?PaperId=" . $row["Id"];
                $viewUrl = "PaperView.php?PaperId=" . $row["Id"];

                $minutes = "待交卷";
                $score = "待交卷";
                if( ToInt($row["SubmitFlag"]) == 1){
                    $minutes= ToString(floor((strtotime($row["SubmitTime"])-strtotime($row
["BeginTime"]))/60)) . "分钟";
                    $score = $row["Score"];
                }

                echo("<tr>");
                echo("     <td class='Center'>" . $seq . "</td>");
                echo("     <td class='Center'>" . $row["CourseName"] . "</td>");
                echo("     <td>" . $row["ExamName"] . "</td>");
                echo("     <td class='Center'>" . $row["ExamBeginTime"] . "</td>");
                echo("     <td class='Center'>" . $score . "</td>");
                echo("     <td class='Center'>" . $minutes . "</td>");
                echo("     <td class='Center'>");

                // 根据考试开始结束时间显示不同的操作功能
                $beginTime = ToDate($row["ExamBeginTime"]);
                $endTime = ToDate( FormatDateTime($beginTime) . " + " . $row["Minutes"] .
" minutes");
                if( $beginTime > $now ){
                   echo("考试还未开始");
                }
                else if( $endTime > $now && ToInt($row["SubmitFlag"]) == 0){
                  echo("          <a href='$examUrl'>[进入考试]</a>");
                } else if( ToInt($row["SubmitFlag"]) == 1){
                echo("          <a href='$viewUrl' target='_blank'>[查看试卷]</a>");
                }

                echo("     </td>");
                echo("</tr>");
                $seq ++;
                }
                echo("</table>");
                PageShow();  // 分页导航
                @DBClose();  // 关闭数据库
                exit();  // 退出,下面的不执行
    }
    ?>
    <!--当Action参数为空时呈现下面的HTML-->
    <body class="Body">
    <form name="Form1" method="POST" onsubmit="return Refresh();">
      <div class="Searchbar">
          <input id="Search" name="Search" placeholder="关键词" class="Input">
```

```
        <button class="Button">查询</button>
    </div>

    <div class="Caption">我的考试</div>
        <!--用于显示考场列表的局部区域-->
        <div id="Shower"></div>
</form>

<script>
// 局部刷新
function Refresh(){
    // 调用 jQuery 的 Ajax 加载实现局部刷新
    $("#Shower").load("?Action=Refresh&Search=" + $("#Search").val());
    // 这里返回 false 是为了用户在输入关键字进行查询时,提交表单不会发生跳转
    return false;
}

$(function () {
  Refresh(); // 页面打开时刷新
  timer1 = setInterval("Refresh()", 10000); // 定时刷新
});
</script>
<? include_once("../Pub/Footer.php") ?>
```

在网页中加了一个 div 用于显示列表，系统只对此 div 局部区域进行刷新，避免了抖动。刷新会发生在 3 个地方：一是页面打开时；二是在定时器中调用；三是在表单的 onsubmit 中调用。为避免重复编码，将刷新过程写成一个 Refresh 函数，3 个地方分别调用该函数进行刷新。这里局部刷新采用了 jQuery 提供的 load 方法，该方法会以 Ajax 方式在后台启动线程下载参数 url 指定的页面内容，把页面内容赋给 Shower 这个 div，由于是后台线程完成的，所以对于用户来说是无感的。

8.3.7　自动组卷模块设计

教师生成考试时，设定了组卷相关参数：考试科目、每个章节的抽题比例、每个题型的抽题数。自动组卷就是根据试卷参数，从题库中随机抽选题目加入试卷中，不能出现重复的题。自动组卷实现的代码如下：

```
<?php
$paperId = GetIntParm("PaperId");  // 试卷 Id
// 试卷信息
$paper = DBGetRow("SELECT * FROM Paper WHERE Id = " . $paperId);
// 考试信息
   $exam = DBGetRow("SELECT * FROM Exam WHERE Id = " . $paper["ExamId"]);
// 章节集合
$chapters=DBQuery("SELECT * FROM Chapter WHERE CourseId = " . $exam["CourseId"]);
// 试题库
$questions = DBQuery("SELECT * FROM Question WHERE CourseId = " .   $exam["CourseId"]);

// 分别根据题型从试题库中抽选题目
SelectQuestions($chapters, $questions, $exam, $paperId, "单选", $exam["SingleSelectCount"]);
SelectQuestions($chapters, $questions, $exam, $paperId, "多选", $exam["MultiSelectCount"]);
SelectQuestions($chapters, $questions, $exam, $paperId, "判断", $exam["JudgeCount"]);
```

```
    // 按题型选题
    Function SelectQuestions( $chapters, $questions, $exam, $paperId, $questionType, $selectCount) {
        // 在题型基础上计算每个章节应抽题目
        DBMoveFirst($chapters);
      while($chapter = DBMoveNext($chapters)) {
        $questionIds = array();
        // 筛选出当前题型当前章节的题号
        DBMoveFirst($questions);
        while($q = DBMoveNext($questions)) {
           if( $q["ChapterId"] == $chapter["Id"] && $q["Type"] == $questionType){
           array_push($questionIds, $q["Id"]);
           }
                            }
           // 当前题型当前章节抽题数
           $selectCountChapter=$selectCount * $chapter["SelectPercent"] / 100;
           SelectQuestionsForChapter($questionIds,$paperId,$selectCountChapter);
        }
      }

      // 在已知题号集合和抽题数的情况下实现随机抽题
      Function SelectQuestionsForChapter( $questionIds, $paperId, $selectCountChapter) {
        $selected = 0;
        $selectedQuestionIds = array();
        while(count($questionIds) > 0 && $selected < $selectCountChapter){
            $index = mt_rand( 0, count($questionIds) - 1); // 生成随机数
            array_push($selectedQuestionIds, $questionIds[$index]); // 选中该题
            array_splice ($questionIds, $index, 1);  // 从待选题号集合中移走
            $selected ++;
        }

        // 选中题号添加到数据库中
        foreach( $selectedQuestionIds as $selectedQuestionId){
          $sql = "INSERT INTO PaperQuestion(PaperId, QuestionId) VALUES($paperId,$selectedQuestionId)";
            DBUpdate($sql);
        }
    }
    ?>
```

抽题过程先按题型分类，再按章节分类获取可选的题号集合，并计算每个题型每个章节的抽题数，然后采用生成随机数的方式，从题号集合中挑选题目，选中后即从待选集合中移除，直到选满或待选集合为空为止。

8.3.8 在线答题模块设计

在线考试模块

1. 试卷呈现

组卷完成后，试题的记录已经保存在 PaperQuestion 表中，呈现试卷只要读取对应的试题，根据题型逐条进行显示。试卷界面如图 8-8 所示。

图 8-8　试卷界面

考场模块试卷列表中的进入考试的链接传递的 PaperId 参数表示试卷号，根据试卷号查询相关信息。试卷呈现前需要检查考生身份和考试时间，用户身份通过 Session 变量比较，考试时间通过要考试开始和结束时间比较得出，由于考试信息只会保存考试时长，需要根据开始时间和考试时长计算结束时间，再拿两个时间与当前时间进行比对，同样在交卷时也要做同样的比对操作。PHP 提供了 date()函数对日期变量进行格式化输出，提供 strtotime()函数用于将字符串转化为日期变量，并且支持在时间后面添加增量。例如：

```
date('Y-m-d H:i:s', strtotime("2021-1-1 + 15minutes"))
```

计算结果为 2021-01-01 00: 15: 00。为方便记忆，系统中用 ToDate()和 FormatDateTime()对日期函数进行了封装。

```
<?php
//考试时间检查
$paperId=GetIntParm("PaperId");
$paper=DBGetRow("SELECT * FROM Paper WHERE Id = " . $paperId);
$exam=DBGetRow("SELECT * FROM Exam WHERE Id = ".$paper["ExamId"]);
$course=DBGetRow("SELECT * FROM Course WHERE Id = ".$exam["CourseId"]);
$student=DBGetRow("SELECT * FROM Users WHERE Id = " . $paper["StudentId"]);

if( $paper["StudentId"] != GetSession("LoginUserId")){
     Alert("试卷不属于当前用户");
     Redirect("PaperList.php");
}

$now = ToDate(GetDateTimeString());
$beginTime = ToDate($exam["BeginTime"]);
$endTime = ToDate( FormatDateTime($beginTime) . "+" . $exam["Minutes"] . " minutes");
if( $beginTime > $now){
    Alert("考试还未开始");
    Redirect("PaperList.php");
}
```

```
    if( $endTime < $now ){
        Alert("考试已结束" . $endTime);
        Redirect("PaperList.php");
    }
    // 显示试卷
    // 显示试卷
    $sql = "SELECT Question.*, StudentAnswer";
    $sql .=" FROM Question, PaperQuestion";
    $sql .= " WHERE QuestionId = Question.Id";
    $sql .= " AND PaperId = $paperId";

    $paperQuestions = DBQuery($sql);

    echo("<link rel='StyleSheet' href='/Css/Paper.css'>");
    echo("<script src='/Script/Exam.js'></script>");
    echo("<body class='BodyPaper'>");
    echo("<form id='FormExam' method='post' action='ExamSave.php' target='HiddenFrame'>");
    echo("<input type='hidden' name='PaperId' value='$paperId'>");
    echo("<input type='hidden' id='SubmitFlag' name='SubmitFlag' value='0'>");

    echo("<div class='Paper'>");
    echo("<div class='Title'>" . $exam["Name"] . "</div>");
    echo("<div class='Subject'> 考 试 科 目 : <u>" . $course["Name"] . "</u> 考 生 姓 名 : <u>" .
$student["Name"] . "</u> 考试时长: <u>" . $exam["Minutes"] . "</u> 分钟</div>");
    echo("<ul class='QuestionList'>");
    $seq = 1;
    while($row = DBMoveNext($paperQuestions)) {
        $questionId=$row["Id"];
        $studentAnswer = $row["StudentAnswer"];

        echo("<li>");
        echo("  <div class='QuestionText'>" . $seq . ". " . Replace($row["Content"], "\n", "<br
/>") . "</div>");
        if( $row["Type"] == "单选"){
            echo("  <ul class='OptionList'>");
            echo("<li><input type='radio' name='Question$questionId' value='A' " . GetChecked("A
", $studentAnswer).">  A. ".$row["OptionA"]."</li>");
            echo("<li><input type='radio' name='Question$questionId' value='B' " . GetChecked("B
", $studentAnswer).">  B. ".$row["OptionB"]."</li>");
            echo("<li><input type='radio' name='Question$questionId' value='C' " . GetChecked("C
", $studentAnswer).">  C. ".$row["OptionC"]."</li>");
            echo("<li><input type='radio' name='Question$questionId' value='D' " . GetChecked("D
", $studentAnswer).">  D. ".$row["OptionD"]."</li>");
            echo("</ul>");
        } else if( $row["Type"] == "多选"){
            echo("<ul class='OptionList'>");
            echo("<li><input type='checkbox' name='Question".$questionId."[]' value='A'".GetChec
ked("A",$studentAnswer).">A.".$row["OptionA"]."</li>");
            echo("<li><input type='checkbox' name='Question".$questionId."[]' value='B'".GetChec
ked("B",$studentAnswer).">B.".$row["OptionB"]."</li>");
            echo("<li><input type='checkbox' name='Question".$questionId."[]' value='C'".GetChec
ked("C",$studentAnswer).">C.".$row["OptionC"]."</li>");
            echo("<li><input type='checkbox' name='Question".$questionId."[]' value='D'".GetChec
ked("D",$studentAnswer).">D.".$row["OptionD"]."</li>");
            echo("</ul>");
        } else if( $row["Type"] == "判断"){
```

```
        echo("<ul class='OptionList'>");
        echo("<li><input type='radio' name='Question$questionId' value='对' " . GetChecked("对",$studentAnswer).">对</li>");
        echo("<li><input type='radio' name='Question$questionId' value='错' " . GetChecked("错",$studentAnswer).">错</li>");
        echo("</ul>");
      }
      echo("</li>");
      $seq ++;
   }

   echo("</ul>");
   echo("<div class='CenterButtons'><button type='submit' class='BigButton'>现在交卷</button></div>");
   echo("</form>");
   echo("</div>");
   echo("<input type='hidden' id='EndTime' value='" . FormatDateTime($endTime) . "'>");
   echo("<div class='TimeBox'></div>");

   // 设置开始时间
   $sql = "UPDATE Paper SET BeginTime = '" . GetDateTimeString() . "' WHERE Id = $paperId";
   DBUpdate($sql);

   Function GetChecked( $value, $studentAnswer){
      if( InStr( $studentAnswer, $value) >= 0 ){
         return " checked";
      }
      return "";
   }
   ?>
   <script>
   function SavePaper() {
        $("#SubmitFlag").val("0");
        $("#FormExam").submit();
   }

   function SubmitPaper() {
        if (!confirm("是否确认提交?")) {
          return;
        }

        $("#SubmitFlag").val("1");
        $("#FormExam").submit();
   }
   </script>
```

试卷在呈现时需要注意的是 PHP 对于复选框需要在控件的 Name 属性值后加中括号，表示可以提交多个值，提交后多个选项值是以逗号分割的，系统对其进行转换化保存。

由于考生可能中途退出系统，再次打开试卷，系统要加载原先临时保存的答案，系统提供了“临时保存”和“交卷”两个按钮，临时保存时将隐藏域 SubmitFlag 设为 0，再调用表单提交功能，交卷时先让用户确认是否真的要交卷，确认后设置 SubmitFlag 为 1 后提交表单。保存代码根据 SubmitFlag 的值来确定用户的意图。

2. 考试时间提醒

考生在考试过程中需要经常查看考试剩余时间，系统在试卷的 HTML 代码中添加了一个隐藏域 EndTime 和一个 div 标签 TimeBox，EndTime 用于保存当前考试的结束时间，TimeBox 用于显示剩余时间，采用前端脚本来定时刷新提示，代码如下：

```
<script>
var timerExam;
var endAlertFlag = false;

function RefreshTime() {
   ar endTime = new Date($("#EndTime").val());
   var now = new Date();

   var leftMinutes = Math.round((endTime - now) / 1000 / 60, 0);
   if (!endAlertFlag && leftMinutes <= 10) {
       endAlertFlag = true;  // 只提醒一次
       alert("提醒: 离考试结束还有 " + leftMinutes + " 分钟!");
   }

   // 考试结束,自动交卷
   if (leftMinutes <= 0) {
      clearInterval(timerExam);
      $("#FormExam").submit();
      return;
   }

   $(".TimeBox").html("离考试结束还有 " + leftMinutes + " 分钟");
}

// 打开页面时启动计时器
$(function () {
    timerExam = setInterval("RefreshTime()", 1000);
});
</script>
```

系统添加了一个前端计时器 timerExam，计时器每过 1 秒就会刷新 div 标签 TimeBox 上的剩余时间，如果剩余时间小于 10 分钟，那么会弹出对话框提醒考生注意，如果考试结束，系统会强制交卷。

8.3.9 自动阅卷模块设计

考生交卷后，系统检查是否在考试允许的时间范围内交卷，检查是否重复交卷，并校验考生身份。由于不同计算机可能存在时间误差，交卷允许延迟一定的时间，另一种解决方案是在考试计时时获取服务器时间进行比较，以减少时间误差。

```
<?php
include_once("../Pub/Header.php");
include_once("../Pub/Control.php");

// 考试时间检查
$paperId = GetIntParm("PaperId");
$paper = DBGetRow("SELECT * FROM Paper WHERE Id = " . $paperId);
$exam = DBGetRow("SELECT * FROM Exam WHERE Id = ".$paper["ExamId"]);

if( $paper["SubmitFlag"] == "1"){
   Alert("重复交卷");
   Redirect("PaperList.php");
```

```
    }

    if( $paper["StudentId"] != GetSession("LoginUserId")){
        Alert("试卷不属于当前用户");
        Redirect("PaperList.php");
    }

    $now = ToDate(GetDateTimeString());
    $beginTime = ToDate($exam["BeginTime"]);
    $minutes = ToInt($exam["Minutes"]) + 5;
    $endTime = ToDate( FormatDateTime($beginTime) . " +" . $minutes . " minutes");
    if( $beginTime > $now){
        Alert("考试还未开始");
        Redirect("PaperList.php");
    }

    if( $endTime < $now ){
        Alert("考试已结束" . $endTime);
        Redirect("PaperList.php");
    }

    // 自动批改
    $sql = "SELECT Question.*, PaperQuestion.Id AS PaperQuestionId";
    $sql .=" FROM Question, PaperQuestion";
    $sql .= " WHERE QuestionId = Question.Id";
    $sql .= " AND PaperId = $paperId";

    $paperQuestions = DBQuery($sql);

    $scoreTotal = 0;
    $scoreFull = 0;
    while($row = DBMoveNext($paperQuestions)) {
        $questionId=$row["Id"];
        $studentAnswer = GetParm("Question$questionId");
        if( $row["Type"] == "多选"){
            $studentAnswer = Replace($studentAnswer, ",", "");
        }
        $answer = $row["Answer"];

        $score = ToInt($row["Score"]);
        $scoreFull += $score;
        $correctFlag = 1;
        if( $studentAnswer != $answer ){
            $score = 0;
            $correctFlag = 0;
        }

        $scoreTotal += $score;

        $sql = "UPDATE PaperQuestion SET StudentAnswer = '$studentAnswer', Score = $score,
CorrectFlag = $correctFlag WHERE Id = " . $row["PaperQuestionId"];
        DBUpdate($sql);
    }

    // 转换为百分制
    $scoreTotal = $scoreTotal * 100 / $scoreFull;
    $submitTime = GetDateTimeString();
```

```
    // 根据 SubmitFlag 确定是否真的交卷
    if( GetParm("SubmitFlag") == "1") {
        $sql = "UPDATE Paper SET Score = $scoreTotal, SubmitFlag = 1, SubmitTime = '$submitTime
' WHERE Id = " . $paperId;
        DBUpdate($sql);
          RedirectParent("PaperList.php");
    } else {
        Alert("保存成功");
    }
    ?>
```

系统对试卷的每个题目进行答案比对后，将比对结果和分值写入 PaperQuestion 表，然后计算总成绩，总成绩根据试卷的得分和满分折算成百分制，写入试卷 Paper 表，并记录交卷时间，设置交卷标志。交卷后系统返回考场列表页面，考生即可看到考试成绩。对于临时保存的提交，给予保存成功的提示。

小 结

本章以在线考试系统为例详细介绍了 PHP 开发完整的应用系统的过程。其内容包括系统的需求分析、功能模块设计、开发环境搭建、数据库设计、系统公共模块设计、考试科目和试题库的维护、自动组卷和在线答题模块设计等。要理解整个系统的工作过程和原理，还需要具备前端 JavaScript 脚本和 CSS 样式等基础知识。

上机习题

上机验证在线考试系统的各个程序，并根据自己的需求进一步完善。